彭广威 陈志国 著

Cu-Ni-Sn合金

第一性原理计算及组织性能调控

First-Principles Calculation
and Control of Microstructure
and Properties
of Cu-Ni-Sn Alloy

化学工业出版社

· 北京 ·

内 容 简 介

本书通过第一性原理对Cu-Ni-Sn合金固溶体的调幅分解、空位形成能、位错与溶质原子的相互作用以及各类不同结构的析出相进行理论计算与分析，探究了合金在不同状态下的各类组织微观结构的性质及其形成机理。同时以典型的Cu-15Ni-8Sn合金为例，研究了Cu-Ni-Sn合金的动态应变时效（Dynamic Strain Aging, DSA）及其对组织及性能的影响，深入分析了应变与时效的相互影响机理。在此基础上，结合第一性原理计算与实验研究阐述了典型的第四种合金元素对Cu-Ni-Sn合金组织与性能的影响及其机理。

本书可供金属材料及计算材料学专业的本科生、研究生及从事相关研究领域的工作者参考使用。

图书在版编目（CIP）数据

Cu-Ni-Sn合金第一性原理计算及组织性能调控/彭广威，陈志国著.—北京：化学工业出版社，2022.1
ISBN 978-7-122-40240-0

Ⅰ．①C… Ⅱ．①彭… ②陈… Ⅲ．①铜合金-第一性-研究 Ⅳ．①TG146.1

中国版本图书馆CIP数据核字（2021）第226761号

责任编辑：韩庆利　　　　　　　　　　　文字编辑：宋　旋　陈小滔
责任校对：宋　夏　　　　　　　　　　　装帧设计：刘丽华

出版发行：化学工业出版社（北京市东城区青年湖南街13号　邮政编码100011）
印　　装：涿州市殷润文化传播有限公司
787mm×1092mm　1/16　印张8½　字数183千字　2022年4月北京第1版第1次印刷

购书咨询：010-64518888　　　　　　　　售后服务：010-64518899
网　　址：http://www.cip.com.cn
凡购买本书，如有缺损质量问题，本社销售中心负责调换。

定　　价：68.00元　　　　　　　　　　　　　　　　　版权所有　违者必究

前 言

Cu-Ni-Sn合金是一种典型的调幅分解强化型铜合金,凭借其高强度、高弹性、优良的抗应力松弛性能和耐磨耐蚀性能,可广泛应用于机械电子、航天航空、船舶航海等领域。以往对Cu-Ni-Sn合金的研究主要集中在合金的制备方法、微量元素、预冷变形及热处理工艺对合金组织性能的影响,缺乏从原子尺度上对合金各类相的微观结构、相变与强化机理等方面进行深入研究,从而制约了Cu-Ni-Sn合金的进一步发展。本书通过第一性原理对Cu-Ni-Sn合金固溶体的调幅分解、空位形成能、位错与溶质原子的相互作用以及各类不同结构的析出相进行理论计算与分析,探究了合金在不同状态下的各类组织微观结构的性质及其形成机理。同时以Cu-15Ni-8Sn合金为例,研究了Cu-Ni-Sn合金的动态应变时效(Dynamic Strain Aging,DSA)及其对组织及性能的影响,主要研究内容与结果如下。

结合采用虚晶近似法和超胞法,对Cu-Ni-Sn过饱和固溶体的稳定性、溶质原子的扩散激活能、位错与溶质的交互作用进行了第一性原理计算与分析,分别得到了Sn和Ni在合金固溶体中的调幅分离能、Cu的空位形成能、自扩散激活能以及Sn原子的体扩散激活能。确定了位错对Sn和Ni溶质原子的作用能以及各溶质原子在位错作用下的择优分布取向。分析了固溶体中Ni和Sn的团簇,证明了Sn原子向位错偏聚的驱动力大于调幅分解驱动力。

利用第一性原理计算了Cu-Ni-Sn合金的主要析出相$(Cu_xNi_{1-x})_3Sn$的各种不同有序结构的晶格常数、形成能,重点分析和比较$L1_2$、DO_{22}及DO_3的力学及热力学性质,确定了不同有序相的结构、成分与稳定性的关系,获得了时效过程中有序相的析出序列。结果表明:当Ni含量较低时($1 \geqslant x \geqslant 1/2$),$DO_{22}$的原子排列相对于$L1_2$和$DO_3$更为紧凑,形成能最低,能最先从固溶体中析出;当Ni含量较高时($1/6 \geqslant x > 0$),$L1_2$的形成能最低,其中$L1_2-Ni_3Sn$为$L1_2$、DO_{22}及DO_3结构$(Cu_xNi_{1-x})_3Sn$的最稳定相。

以Cu-15Ni-8Sn合金为例,实验研究了Cu-Ni-Sn合金在不同温度和变形速率下的压缩变形行为。证明了Cu-15Ni-8Sn合金存在DSA现象并确定了其温度和应变速率区间。根据应力应变曲线计算了DSA激活能,明确了该合金DSA主要是由Sn原子通过位错管道扩散与位错相互作用所致。结合第一性原理计算和实验分析结果揭示了DSA过程中合金成分和微观组织的演变机制,即Sn和Ni在位错作用下形成偏聚和团簇,抑制了固溶体中Sn的调幅分解,并且直接形成了富Ni富Sn区,从而在较低温度下动态析出以$L1_2-Ni_3Sn$为主的$(Cu,Ni)_3Sn$相。在此基础上,通过进一步实验研究了DSA预处理对Cu-15Ni-8Sn合金在400℃再时效组织和性能的影响。发现DSA预处理能极大地促进再时效进程,峰时效时间缩短至10~15min。其机理为DSA过程中所形成的富Ni富Sn区加速了新的$L1_2$强化相的析出,不需要经过长时间的调幅分解。

为了研究微合金元素对Cu-Ni-Sn合金组织和性能影响,首先利用第一性原理计算和比较了不同结构类型Ni_3M和Cu_3M析出相的热稳定性和力学性能。在此基础上,以Si和Ti元素对Cu-15Ni-8Sn合金影响为例,通过实验分析了微合金元素对Cu-Ni-Sn组织与性能的影响。

结果说明微合金元素对 Cu-Ni-Sn 组织和性能影响的主要机理为大多数 Ni_3M 相的析出能有效细化晶粒、抑制不连续沉淀物的形核与长大，从而提高合金的力学性能。

本著作得到湖南省材料科学与工程双一流学科建设项目资助，感谢湖南人文科技学院各位领导、材料科学与工程学科团队及材料成型与控制工程专业团队各位同事的支持和帮助。特别感谢中南大学甘雪萍教授、李周教授、周科朝教授的关爱与指导。

著　者

目 录

第1章

绪论

1.1 超高强弹性铜合金简介

铜是人类最早认识和最先使用的金属，在人类历史上有着比其它金属材料更重要的影响。随着人类文明的进步，铜及铜合金不断开发出新产品，服务人类经济和科技进步。目前，由于铜和铜合金具有优异的力学和物理化学性能，因此被广泛应用于机械、电子、通信、军工等诸多领域[1]。铜及铜合金的品种及消费量已成为一个国家工业技术水平的标志之一。

现代工业技术的迅速发展，对铜合金的各种使用性能提出了越来越高的要求。例如：作为在集成电路内起支撑芯片、连接电路和散热作用的引线框架零件，对材料性能要求必须同时具备高强度和高电导率，以保证集成电路的可靠性和耐久性；其它诸多电气元件如发电机集电环、电枢转子、电气开关触桥、电力机车架空导线等，都需要用到高强度高电导率的铜合金；在一些特种行业需要使用高强度、高耐磨和耐腐蚀的铜合金。近几十年来，世界各国都相继开展了高强高导铜合金的研究和开发工作以满足现代工业技术发展对高强高导材料的需求，现已开发出100多种高性能铜合金[2]。探索开发新的成分体系和先进制备工艺将是高强高导铜合金的重点研究方向。

目前我国正处于新兴产业与高新技术迅猛发展的时期，传统的黄铜如无铅黄铜、复杂黄铜等和传统的青铜如锡青铜、锰青铜、铝青铜等铜合金已难以满足工业生产对高强度、高弹性、高导电和高耐磨性等性能的要求，以Cu-Ni-Sn合金为典型的新型高强高弹高导耐磨铜合金具有优异的综合使用性能，受到了广泛关注。

抗拉强度超过1000MPa的导电弹性铜基合金一般称为超高强弹性铜合金，被广泛应用在电工电子、通信导航、航天航空、汽车工业和海洋工程等领域，是制备各类导电弹性元器件的重要材料之一。目前，铜合金已被列入我国战略型新兴产业，是载人航天工程、卫星导航系统和雷达系统的核心电子器件、深水大型油气田开发及煤层气开发设备的核心零部件、精密电器元件等所必需的结构功能材料。典型的超高强铜合金主要包括铜铍系合金、铜钛系合金、铜镍硅系合金、铜镍锰系合金、铜镍铝系合金和铜镍锡系合金等[3]。高强导电铜合金的设计基本原理是固溶时效，即在纯铜中加入一些低固溶度的合金元素（如Mn、Si、Al、Sn等），通过高温固溶和快速冷却处理使这些合金元素在铜基体中形成过饱和固溶体，然后再进行时效处理，使过饱和固溶的合金元素以强化相的形式从铜基中析出，从而使合金的强度和电导率迅速提高。

超高强弹性铜合金的强化机制主要有固溶强化、沉淀强化、弥散强化和细晶强化等。但高强度和高导电性是铜合金使用性能中的一对难以调和的矛盾。为解决这个矛盾，在保证高导电率的同时提高材料强度，研究者们一方面加强对沉淀相析出相弥散强化、合金固溶强化和合金冷变形强化等合金化法制备工艺的研究；另一方面，深入开展通过添加颗粒、纤维等作为增强相制备高性能铜基复合材料的研究。目前高强度高弹性导电铜合金的研究朝着多元微合金化、微观相结构设计、稀土元素优化组织以及碳纳米管等众多方向发展。

1.1.1　Cu-Be合金

以铍为主要合金元素的铜基合金称为铍青铜或铍铜，具有良好的力学和物理化学综合性能，是一种应用广泛的传统铜合金。合金中Be的质量分数一般为0.2%~2.0%，合金密度为8.3g/cm³，硬度为36~42HRC，抗拉强度不小于1000MPa，电导率不小于18%IACS，热导率不小于105W/(m·K)，20℃[4, 5]。

国内外铍铜合金的性能如表1-1所示。

▫ 表1-1　铍铜合金的力学性能及导电性能[6]

国别	合金	状态	屈服强度/MPa	抗拉强度/MPa	伸长率/%	硬度(B/C/HV)	电导率/%IACS
美国	25 C17200	软(固溶)	210~390	420~550	30~60	B45~78	15~19
		硬(冷轧)	630~810	700~850	2~18	B96~102	15~19
		软时效	980~1240	1160~1380	3~15	C36~42	22~28
		硬时效	1160~1450	1330~1550	1~6	C38~45	22~28
	10 17500	软(固溶)	140~220	240~390	20~40	B20~45	20~30
		硬(冷轧)	380~570	490~600	2~10	B78~88	20~30
		软时效	560~710	700~920	10~25	B92~100	45~60
		硬时效	660~850	770~950	8~20	B95~102	48~60
中国	QBe2.0	软(固溶)	—	400~600	≥30	≥130HV	—
		硬(冷轧)	—	≥650	≥25	≥170HV	—
		软时效	—	≥1150	≥2	≥320HV	—
		硬时效	—	≥1200	≥1.5	≥360HV	—
	QBe1.9	软(固溶)	—	400~600	≥30	≥120HV	—
		硬(冷轧)	—	≥650	≥25	≥160HV	—
		软时效	—	≥1150	≥2	≥350HV	—
		硬时效	—	≥1200	≥1.5	≥370HV	—

铍铜经过固溶和时效处理后，具有高的强度、弹性、硬度、耐疲劳性、耐磨性和耐热性，同时具备很高的导电性、导热性、耐寒性，以及良好的铸造性能，撞击时无火花等优点。特别在大气、淡水和海水中都具有极佳的耐腐蚀性，是海底电缆中继器构造体不可替代的材料。铍铜分为变形铍青铜和铸造铍青铜，变形铍青铜主要用于制造各种高级弹性电气元件，例如继电器弹簧、发电机刷弹簧、断路器弹簧、弹簧接触片、膜片、波纹管、微型开关、航空和航海仪表上用的各类弹簧等[6]。铸造铍青铜则主要用于各类成型模具、精密仪器上的传动齿轮、轴承轴套、防爆工具和特殊的无火花工具等。铍铜合金在时效过程中通过调幅分解（Spinodal Decomposition）和强化相析出使其强度和电导率升高，合金的主要强化相为γ′和γ″相[7]。经过多年不断研究和开发，一些新技术和新工艺已经在铍铜的生产中得到推广应用，合金性能得到了很大的提高。

但Be是一种强致癌元素，该材料的生产现在已经带来了严重的环境问题。铍铜合金在熔炼与铸造时，Be元素容易挥发和氧化，形成的氧化物或其它化合物毒性非常大，对人体和环境都有严重的危害性，从而使得铍铜的生产和应用受到很大程度的限制[8]。目前各国学术界和企业都在致力研究开发绿色环保、性能优异的其它铜基弹性合金以替代铍铜合金。

1.1.2　Cu-Ti合金

Cu-Ti合金是以钛（质量分数1%~6%）为主要合金元素的铜基合金，常称为钛青铜。钛青铜的强度、硬度、弹性极限、塑性等力学性能指标高，而且具有优良的导电性、耐疲劳、耐腐蚀、耐磨和耐热、无磁性、冲击时不产生火花等优点[9-11]。Cu-Ti合金可以替代传统的铜铍合金，作为高强度高导电材料应用于导电弹簧、接线端子、互联器等电气接触元件[12]。钛青铜属于典型的时效析出强化型合金，合金经固溶处理后在时效过程中先形成调幅组织和有序相，然后再析出弥散分布的细小颗粒β′（Cu_4Ti）强化相，使合金屈服强度和导电性能得到大幅度提高。

常用的国产钛青铜合金有QTi3.5-0.2（Cu-3.5Ti-0.2Cr）和QTi6-1（Cu-6Ti-1Al），性能如表1-2所示[13]。其中Cu-3.5Ti-0.2Cr是一类高强度的导电弹性材料，它主要用于生产各种精密小型齿轮、耐磨轴承等高强度高耐磨机械零部件，以及电器开关、继电器等高弹性电气元件。Cu-6Ti-1Al合金也具有高强高弹、高硬度以及良好的耐蚀性能，比铍青铜具有更好的高温性能，但导电性略差，可替代铍青铜用来制作行程开关弹片、振动片等仪表仪器上的弹性元件[13]。

1.1.3　Cu-Ni-Si合金

Cu-Ni-Si系合金也属于高强度时效强化型合金，通过适当的固溶和时效处理可以获得高强度和高导电性，抗拉强度为500~750MPa、电导率为25%~60%IACA。除了抗拉强度比铍青铜略低，伸长率和导电性都要优于铍青铜，而且它的生产工艺简单，成本低，无毒环保[14-16]。世界各国的铜加工企业自二十世纪八十年代便开始进行Cu-Ni-Si合金的研究与开发，目前开发出来并已经形成工业化生产的达20多种。

□ 表1-2　钛青铜的力学性能[13]

合金牌号	状态	屈服强度/MPa	抗拉强度/MPa	伸长率/%	硬度（HV）
QTi3.5-0.2	冷变形60%	700~720	750~800	3.5~4.0	230~250
	850℃淬火	200~250	400~420	35~42	90~150
	400℃时效2h	950~980	1000~1050	7.0~9.0	350~360
QTi6-1	850℃淬火	—	470~510	40~41	140
	冷变形	—	900~1080	1.5~3.5	297
	淬火时效	—	1020	6.0	257
	冷加工时效	—	1300	4.0	461

由于固溶在铜基体中的Ni和Si含量非常低，所以仅仅通过时效强化，效果非常有限，所以Cu-Ni-Si系合金的强化通常采取多种强化机制相结合的方法。如先将固溶处理后的合金进行冷加工，然后再进行时效，这样将有利于细小弥散相的析出及合金强度的提高，而电导率下降很少。细晶强化与时效强化相结合也是强化铜合金常用的方法，由于细晶强化几乎不产生晶格畸变，因而对电导率的影响极小。有时也会采用多次变形与分级时效相结合的方法来提高合金的综合性能。该合金的时效强化机制主要包括：调幅分解强化、有序相强化及Ni_2Si相析出强化。表1-3为几种典型Cu-Ni-Si合金经不同处理后的性能[17, 18]。

□ 表1-3　典型Cu-Ni-Si合金的力学及导电性能[17, 18]

合金成分	状态	屈服强度$\sigma_{0.2}$/MPa	抗拉强度σ_b/MPa	电导率/%IACS
Cu-5.3Ni-1Si-0.2Al-0.1Mg-0.1Cr	热轧后固溶，再冷轧时效	820	1080	3.5~4.0
Cu-6Ni-1Si-0.5Al-0.15Mg-0.1Cr		940	1090	3.5~4.2
Cu-6.3Ni-1.6Si-1Al-0.2Mg-0.3Cr		960	1204	7.0~9.0

1.1.4　Cu-Ni-Mn合金

Cu-Ni-Mn合金也称为锰白铜，具有强烈时效硬化特性，是一种理想的导电耐磨合金材料。它具有高强度、高弹性和高硬度，良好的可焊接性、导电导热性能和抗应力腐蚀性能，以及工作温度高、无磁、无毒和成本低等优点，可代替铍青铜制作各类电子接插件、弹性接触元件等[19, 20]。该合金的主要强化手段有淬火时效和形变时效两种方式，时效强化机理为有序强化和MnNi相弥散强化。时效温度影响合金析出相的形貌、分布和大小。高温时效（450℃）和形变时效能抑制晶界的择优析出；低温时效（350℃）晶界择优析出严重。所有时效最后都析出面心四方晶格的（Cu，Ni）Mn有序强化相[21]。一般来说，只有当合金的Ni和Mn含量都超过15%时才有明显的时效效果，但合金元素比例过高会增加加工难度和提高生产成本。在Ni和Mn含量相当且含约60%的Cu时，合金可获得最大的硬化效果，因此Cu-Ni-Mn系合金中最典型的是Cu-20Ni-20Mn，其不同状态下的力学性能如表1-4所示[22]。

□ 表1-4 Cu-20Ni-20Mn合金的力学性能[22]

状态	硬度(HV)	抗拉强度 σ_b /MPa	弹性模量 E /GPa	伸长率 δ/%
淬火	132	610	128	44
淬火时效(400℃×7h)	311	1240	—	12
淬火时效(400℃×15h)	435	1400	—	9
50%变形率	288	940	117	5.7
50%形变时效(450℃×2h)	398	1370	142	5.7
50%形变时效(450℃×9h)	487	1800	155	3.0

1.1.5 Cu-Ni-Al合金

Cu-Ni-Al合金也称铝白铜，是一种典型的沉淀强化型合金。合金中的铝含量通常小于3%（质量分数），但能显著提高合金的强度和抗蚀性。虽然铝在Cu-Ni基体中的固溶度较低，但在时效时析出的Ni_3Al能起明显的沉淀强化作用[23]。同时，铝元素的加入还能显著提高合金的耐腐蚀性能。因此，铝白铜具有高强度、高弹性，良好的耐蚀性能，并且易于压力加工和焊接，广泛用于制造各类耐腐蚀的结构件、弹性元件和插接件等。

Cu-Ni-Al合金时效时，既发生晶内连续脱溶，又有晶界不连续脱溶发生。晶内析出$L1_2$型有序结构Ni_3Al相和B_2型有序结构NiAl相[24, 25]。晶界的不连续脱溶析出会导致合金的强度、伸长率等力学性能的下降，为了抑制这种晶界不连续脱溶，可以在合金成分中添加0.4%~0.6%的Ti，Ti能置换Al形成Ni_3Ti，能显著提高该类合金的高温强化性能[26]。此外还可采用形变热处理和分级时效等工艺方法抑制晶界的反应型析出，从而提高合金的综合力学性能。表1-5为几种典型Cu-Ni-Al合金的力学性能[27, 28]。

◩ 表1-5　几种Cu-Ni-Al系合金的力学性能 [27, 28]

合金成分	状态	屈服强度 $\sigma_{0.2}$ /MPa	抗拉强度 σ_b /MPa	伸长率/%
Cu-10Ni-3Al	淬火时效(500℃×3h)	360	600	—
	50%冷变形	1000	1100	—
Cu-5Ni-3Al-0.5Si	淬火时效	743.7	860.3	17.6
Cu-10Ni-3Al-0.8Si	多级时效	1133	1180	3.6
Cu-15.5Ni-5.5Al-0.5Ti	50%形变时效(450℃×0.5h)	1176	1185	—

1.2　Cu-Ni-Sn系合金的研究现状

　　Cu-Ni-Sn系合金是一种既具有高强度高弹性，又具有优良耐磨和耐蚀性能的铜合金材料，具有非常高的研究价值和应用前景。与前面所述的几种合金系相比，Cu-Ni-Sn系合金不仅具有更高的强度、硬度和弹性以及更出色的抗热应力松弛性能和耐应力腐蚀性能，而且具备良好的可焊性和可镀性等加工性能，热处理过程中变形小，加工成本低，无毒环保等优点。所以该合金广泛应用于电子电器、通信工程、航天航空、航海船舶、工程机械等众多领域。因为具有高强高导和耐磨耐腐蚀等特性，该合金可用于制造各类潮湿以及腐蚀性环境下的信号开关、电连接器、继电器等电气元件，以及船舶上各类重载轴承、起落架、支撑架等耐磨耐蚀结构件。此外还可作为新型特种模具材料用来制造各类高性能高寿命要求的塑料成型模。自二十世纪七十年代以来，国内外的研究者们在Cu-Ni-Sn的合金成分设计、组织性能优化、新型制备技术及加工工艺等方面进行了一些卓有成效的研究，促进了该合金在工业生产上的应用推广。但为了满足现代工业发展对铜合金提出的更高要求，仍然有一些问题需要深入的研究。首先，应加强对Cu-Ni-Sn合金的微观相结构、微合金化等基础理论研究，从原子尺度上深入研究各类微合金元素对其综合力学性能和物理化学性能的影响，从成分设计上进一步提高合金的使用性能。其次，要加强制备技术和热处理工艺的应用研究，以解决目前国内一些开发出的新技术在工业化批量生产中存在的设备昂贵、工艺复杂等问题。

1.2.1　Cu-Ni-Sn合金的分类

　　常用的Cu-Ni-Sn合金中，Ni的质量分数通常为9%~25%，Sn的质量分数为3.5%~9%，这个成分范围内的合金不仅具有高强度高弹性的力学性能，还具有优良的抗腐蚀和抗应力松弛性能 [29]。Cu-Ni-Sn合金有多种，根据Ni、Sn合金元素含量的差异，主要有如下牌号：

C72500（Cu-9Ni-2Sn）、C72600（Cu-4Ni-4Sn）、C72650（Cu-7.5Ni-5Sn）、C72700（Cu-9Ni-6Sn）、C72800（Cu-10Ni-8Sn）、C72900（Cu-15Ni-8Sn）和 CDA725（Cu-9Ni-2.5Sn），合金牌号中各元素前面的数字表示质量百分数。不同牌号的Cu-Ni-Sn合金性能有所差异，用于不同要求的场合。其中，C72900和C72700作为典型高强高弹铜合金在工业上得到了较为广泛的应用，尤其是Cu-15Ni-8Sn合金最受人们的重视[30]。

1.2.2 Cu-Ni-Sn合金的制备工艺

Cu-Ni-Sn合金制备中的关键技术就是要防止合金的成分偏析。在传统普通的熔炼过程中，Sn元素很容易在晶界发生严重偏析，同时铸锭还会产生缩孔、缩松等铸造缺陷，从而严重影响合金的力学性能和导电性能。生产中通常可采用真空熔炼法、快速凝固法和粉末冶金法制备Cu-Ni-Sn合金以减轻或避免制备过程中Sn的偏析。

（1）真空熔炼法

真空熔炼法（Vacuum Melting，VM）是目前较为常见的Cu-Ni-Sn合金制备方法，能在一定程度上抑制Sn的偏析。该方法是先将铜和镍在真空或氩气保护条件下进行熔炼，待基本熔化后添加其它微量合金元素，最后添加锡，在大约1050℃的低温下凝固成铸锭，然后再在850℃进行长时间的保温处理使铸锭均匀化。该工艺方法主要是通过两方面来抑制Sn的绝对偏析，首先通过熔炼过程中加入Nb、V、Mn、Fe、Si等各种微量合金元素以抑制Sn的绝对偏析，然后再将铸锭在气体保护条件下进行较长时间的均匀化退火以进一步减小合金成分偏析程度[31]。由于在该工艺方法中，铸锭需要进行长时间均匀化处理，势必会造成晶粒长大，影响材料性能，因此真空熔炼法已经越来越难以满足制备高性能铜合金的要求。

（2）快速凝固法

快速凝固法（Rapid Solidification，RS）为一种非平衡凝固，是通过将合金熔体进行高速冷却使合金元素来不及扩散和偏聚，从而抑制成分偏析。常用的快速凝固法主要包括喷射沉积法和单辊旋铸法，其中喷射沉积法是利用高压的惰性气体将熔化的液态金属雾化成微小的熔滴颗粒，沉积在一定形状的收集器上形成坯件。该工艺方法不仅能有效避免合金的成分偏析，而且还能形成细小均匀的等轴晶组织，从而使材料具有优良的综合力学性能[32]。单辊旋铸法是在特制的试管内将合金原料进行感应加热使其完全熔化，再在试管内通入惰性保护气体形成足够气压，将合金熔体喷射到快速旋转的辊面上进行快速冷却，从而凝固成连续的微细晶薄带[33]。此外，近藤等人[34]还进行了熔融纺丝快速凝固法制备Cu-15Ni-8Sn合金丝材的实验研究。快速凝固法虽然通过快速冷却能很大程度地抑制Sn的偏析，并获得组织和性能均匀的细晶材料，但其工艺特点本身具有很大的局限性，一般只适合制作横截面尺寸小的线材或带材，而实际应用的铜镍锡合金大多数要求是大尺寸棒材或厚板材，所以该工艺方法的应用受到限制[35]。

（3）粉末冶金法

粉末冶金法（Powder Metallurgy，PM）是一种现代合金制备技术，可以用来生产常规方法不易制备的高熔点、易偏析的合金。粉末冶金法制备Cu-Ni-Sn合金是先将合金原料通过各种方法处理成预合金粉末，在高压下经粉末烧结形成坯料，然后再通过热拉拔、热挤压以及各类冷变形处理以提高合金致密度，消除孔隙以改善组织和性能。预合金粉末的一般制备方法有机械粉碎法、机械合金化法[36, 37]、喷射雾化法、离子溅射法和气相沉积法等。粉末冶金法的优点是可以精确控制合金成分和坯料成型尺寸，并使成分偏析局限在相邻粉末之间，结合微量元素的添加能有效解决材料制备过程中合金成分的宏观偏析问题，从而获得成分均匀的细晶组织，然后再经各类冷热加工和时效处理后能获得较高的力学性能。缺点是工业化生产设备昂贵，工艺流程复杂，导致生产成本较高。所以目前一般采用此法生产形状简单的Cu-Ni-Sn合金带材、棒材或线材等，随着技术与设备的不断进步，粉末冶金法应用将更为广泛。

1.2.3 Cu-Ni-Sn合金的时效组织

（Cu，Ni）-Sn的伪二元相图可以表示为简单的共晶形式，如图1-1所示。Sn在α固溶体相中的固溶度随着温度的降低而明显减小。通过在较高温度进行固溶然后快速冷却，可获得过饱和的α相固溶体，过饱和的固溶体在时效过程中因γ相的析出而获得强化。Cu-Ni-Sn合金经过适当的时效工艺可获得高强度和高硬度，其中C72900抗拉强度最高可达1400MPa[38]。

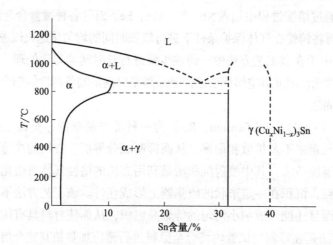

图1-1（Cu，Ni）-Sn伪二元相图[38]

过去研究者对各类不同成分的Cu-Ni-Sn合金时效组织进行了研究，目前为止发现了至少六种析出产物：调幅组织（Modulated Structure）；$D0_{22}$结构的$(Cu_xNi_{1-x})_3Sn$有序相（γ'相）；$L1_2$结构的$(Cu_xNi_{1-x})_3Sn$有序相（β相）；晶界和晶内$D0_3$结构的$(Cu_xNi_{1-x})_3Sn$有序相（γ相）；不连续（胞状）γ相；正交结构的δ相（β-Cu_3Ti结构）。

（1）调幅分解

在二十世纪六十年代，Cahn、Carpenter和Hillert等人[39-41]基于对铜系合金相变的研究，确立了调幅分解理论，此后该理论广泛应用于金属、陶瓷、高分子和功能材料的研究与开发。之后，Schwartz等[42]最早通过透射电镜观察到了Cu-Ni-Sn合金时效过程中调幅组织的显微形貌，并且利用X射线衍射（X-ray Diffraction，XRD）测定了合金调幅分解产生的边带峰，研究了调幅分解波长与时效时间的关系。调幅分解是一种连续型的固态相变，新相是由母相中的浓度起伏经连续长大而形成，不需要经过形核过程。当合金在一定温度时效时会发生过饱和固溶体的脱溶分解，溶质原子借由化学势梯度而不是浓度梯度进行上坡扩散，形成结构不变但成分呈周期性起伏的调幅结构。这种完全共格的富溶质区与贫溶质区交替的调幅组织产生的共格应用场对位错的运动形成强烈阻碍，从而使合金强度提升。

（2）有序相析出

随着溶质原子持续的上坡扩散，富溶质区的溶质原子浓度上升到一定程度后，将形成$(Cu_xNi_{1-x})_3Sn$有序相。Spooner[43]首先采用透射电子显微镜（Transmission Electron Microscope，TEM）对时效处理的Cu-15Ni-8Sn合金进行表征，发现在727K时效10min后合金的选区电子衍射花样中出现超点阵斑点，并将其标定为γ′相，即$D0_{22}$结构有序相。$D0_{22}$与铜基体完全共格，点阵常数为$a=b=3.77Å$，$c=7.24Å$（$1Å=0.1nm$）。因铜基体晶格常数为$a_0=3.64Å$，所以$D0_{22}$有序相沿着c轴生长以减少共格弹性应变能，从而成为棒状形貌。Kratochvil[44]研究发现峰时效的Cu-Ni-Sn合金组织中除了调幅组织，同时有最大体积分数的有序相，说明弥散分布的有序相同样对合金的时效硬化具有很强的作用。除了$D0_{22}$有序相外，早期研究[45, 46]中还发现了合金中存在的另外一种$L1_2$有序强化相（Cu_3Au结构），但一直以来这两种有序产物的成分及其之间的转变关系都不太明确。Zhao等人[47]研究了Cu-15Ni-8Sn合金有序相析出过程，绘制了Cu-15Ni-8Sn合金成分-自由能示意图，如图1-2所示。

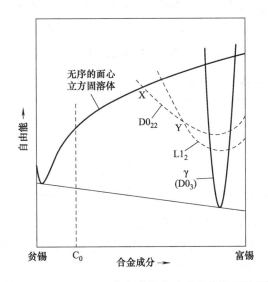

图1-2 Cu-15Ni-8Sn合金成分-自由能曲线示意图[47]

当Sn偏聚至一定程度后，$L1_2$有序相比$D0_{22}$有序相具有更低的自由能，部分$D0_{22}$转变为$L1_2$有序相，随着成分偏聚的进行，最终$D0_3$结构的γ相具有最低的自由能，$D0_{22}$和$L1_2$全部转化为$D0_3$。$D0_3$在Cu-Ni-Sn合金的时效过程中一般在晶界处呈不连续析出（Discontinuous Precipitates，DP），即富Ni、Sn元素的γ相与贫溶质α相交替组成具有层片状结构的胞状组织。这种层片状结构间易产生应力集中和显微裂纹[30]，所以$D0_3$的胞状析出使合金的强度迅速降低。在某些情况下，胞状析出之间的贫溶质α相并未达到平衡成分，其中将析出类似连续析出的颗粒状γ相以进一步降低溶质浓度[48]。此外，有文献[49]还提到在镍含量较高的Cu-20Ni-8Sn合金中可以析出一种具有正交δ相（β-Cu_3Ti结构），该相为平衡稳定相，其点阵常数为$a=4.51Å$、$b=5.38Å$、$c=4.27Å$。在一定温度下时效，δ相从合金初始晶界处呈不连续析出，形成α+δ相的胞状结构，从而使合金硬度下降。

1.2.4 Cu-Ni-Sn合金性能的影响因素

Cu-Ni-Sn的合金成分、固溶状态、时效温度与时间以及预冷变形等都显著影响合金时效析出相的微观结构和形态，并最终影响合金的性能。

（1）合金成分的影响

Sn含量是影响Cu-Ni-Sn合金时效过程及性能的最主要因素之一，从根本上决定了合金的强化机制。一般只有当Sn的质量分数大于4%时，合金才能通过时效处理以调幅分解和第二相析出的方式进行强化。合金中Sn含量的增加能加速时效过程中$D0_{22}$型（Cu_xNi_{1-x})$_3$Sn有序相的析出并增加其析出量，从而缩短合金峰时效的时间。而Sn含量越少，调幅分解和$D0_{22}$有序相析出的孕育期越长，且析出量较少。当Sn含量小于4%（质量分数）时，合金不发生调幅分解和有序相析出，其强化机制为单一的固溶强化，合金无法获得高的强度[50]。

Ni的添加降低合金中Sn的溶解度，并且扩大（α+γ）相区至40%Sn处。一般说来，Ni固溶在Cu基体中，只起简单的固溶强化作用，对相的转变不发生影响，但相关研究指出[51]：当合金中Sn含量一定时，提高Ni元素含量在某种程度上可降低合金的脆性，然而其具体原因和影响机理尚不明确。几种典型Cu-Ni-Sn合金的力学性能如表1-6所示[52]。

⊡ 表1-6　几种典型Cu-Ni-Sn合金的力学性能[52]

合金	抗拉强度 σ_b/MPa	硬度(HV)
Cu-9Ni-6Sn	1110	387
Cu-12Ni-8Sn	1150	386
Cu-15Ni-8Sn	1220	434
Cu-21Ni-5Sn	1040	328

从表1-6中可以看到Cu-Ni-Sn合金的抗拉强度和硬度都随着Ni和Sn的含量增加而提升，具有高Ni、Sn含量的Cu-15Ni-8Sn合金具有最大的抗拉强度和硬度。当Ni、Sn含量进一步增加，合金的强度和硬度反而下降。

相关研究发现在Cu-Ni-Sn合金中添加第四、第五合金元素，同样对材料的组织与性能有重要影响，不同的元素对合金组织与性能的影响各有不同，但到目前为止在这方面的研究并不十分深入[53]。一般而言，添加Fe元素可以加速合金的时效析出，提高合金强度[54]；添加Si元素可以使合金在晶界析出Ni_3Si，可显著细化晶粒，并抑制时效过程中的不连续沉淀物的形核与长大[55]；Al元素可以起到固溶强化的效果[56]；Mn元素会固溶在基体内，不会形成新相，但会延缓合金时效析出，同时提升合金在酸中的耐腐蚀性[57]；Zr元素和Y元素可以显著细化合金铸态组织，防止铸锭劈裂[58]；Nb元素可加速时效进程，改善合金的冷变形能力，同时提高合金强度和塑性[59, 60]。

（2）时效温度与时间的影响

Cu-Ni-Sn合金的时效温度和时间是影响时效过程中相变的决定性因素。大量研究表明[61-64]，Cu-Ni-Sn合金的调幅分解存在一个临界温度 T_c（大约为350~450℃），当时效温度大于 T_c 时，合金不发生调幅分解，不连续的胞状 γ 相析出占主导地位，这种不连续的胞状组织导致合金的综合力学性能大幅度降低。而当时效温度低于 T_c 时，固溶态合金的过饱和固溶体首先会发生调幅分解，生成由富溶质区与贫溶质区交替组成的调幅组织[65-69]，并且在合金基体中产生纳米尺寸的 $D0_{22}$ 结构（Cu，Ni）$_3$Sn 有序相[62]，合金基体中的调幅结构与有序相造成的强烈内应力场对运动位错具有强烈阻碍作用，使其时效硬化达到最大值[70, 71]。继续进行时效处理将在合金中产生（α+γ）相交替组成的胞状不连续析出，从而使合金强度出现明显下降[72, 73]。

固溶态 Cu-15Ni-8Sn 合金的等温转变（Time-Temperature Transformation，TTT）曲线如图1-3所示[47]。

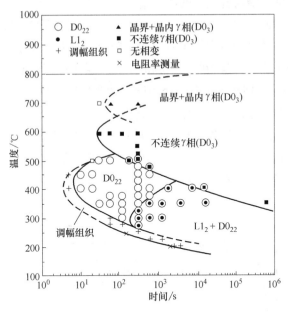

图1-3 Cu-15Ni-8Sn合金的等温转变曲线[47]

Cu-15Ni-8Sn合金在高于500℃的温度时效时，以不连续胞状 $D0_3$ 型（Cu，Ni）$_3$Sn（γ相）析出为主，在晶内析出针状的 γ 相，晶界也出现层片状的（α+γ）胞状析出物，使得合金的强度和塑性都较低。合金在约450℃的临界调幅分解温度以下时效时先发生调幅分解，过饱和固溶体中的Sn溶质原子通过自发的上坡扩散而形成浓度起伏，逐渐分解成富Sn区和贫Sn区交替存在的调幅组织，调幅组织的晶体结构与母相相同，成分变化连续，相互之间无明显界面。调幅组织所形成的周期变化的应变场能强烈地阻碍位错线的移动，从而对合金起强化作用。随着时效时间的延长，早期生成的调幅组织将逐渐粗化，并开始在富Sn区域形成亚稳态的$D0_{22}$型（Cu，Ni）$_3$Sn有序相析出，而后又开始析出$L1_2$型（Cu，Ni）$_3$Sn有序相粒子，这时候的调幅组织和有序相析出使合金强度达到峰值。如果继续时效，在晶界上的不连续胞状析出不断向晶内生长，体积分数不断增加，原来的$D0_{22}$有序相也被$D0_3$相所代替，合金强度和硬度下降。

（3）预冷变形的影响

Cu-Ni-Sn合金固溶态的α基体为面心立方结构，具有良好的塑性，容易产生多系滑移，在时效前进行预冷变形处理可获得时效强化和形变强化的双重强化效果，使合金获得极高的硬度和强度。而且经过预冷变形处理可以极大地促进合金时效析出进程，有效缩短峰时效时间。Plewes[51]认为预冷变形对合金时效析出的促进主要在于在合金基体中保留了大量晶体缺陷，改变了时效析出动力学，从而使时效析出相能够在短时间内大量析出。Helmi[74]在Cu-8Ni-5Sn合金预变形时效研究中发现，预冷变形会加速第二相析出，改变合金基体中的化学势梯度，从而抑制合金调幅分解。Lefevre[62]在对Cu-15Ni-8Sn合金的研究中发现预冷变形同时促进调幅分解与不连续析出的产生，并认为不连续析出中（α+γ）组织中的层片状结构中易产生显微裂纹，是合金预变形时效后塑性降低的主要原因。Spooner[43]则认为运动位错与合金中的调幅结构相互作用形成稳定的位错组态，从而导致了合金强度的上升。Ray[75]利用TEM对预冷变形后时效处理的Cu-9Ni-6Sn合金进行观察，发现在位错密度高的区域首先析出有序相，预冷变形生成的位错组织和变形孪晶都使合金发生显著的变形强化，并且为时效产物的析出提供了有利位置，从而加速时效析出进程。王艳辉[76]研究了Cu-15Ni-8Sn合金经不同的预变形量后在450℃下时效的性能变化曲线，如图1-4所示。随着变形量的增大，峰值硬度会有所增加，达到峰值所需要的时效时间也缩短，变形量越大这种作用越明显。王艳辉分析主要原因在于变形量越大，形变储能越高，合金的时效进程越快。同时，预变形在合金组织中形成大量的空位和位错，能促进析出相的形核，从而缩短峰时效的时间。

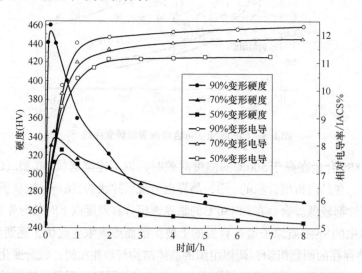

图1-4 不同的预变形后的Cu-15Ni-8Sn在450℃下时效的性能曲线[76]

综上所述，从目前 Cu-Ni-Sn 合金的研究现状来看，大多数研究主要集中在该合金的制备工艺和热处理对性能影响方面，虽然对 Cu-Ni-Sn 合金的时效相变进行了实验研究，但缺乏从原子尺度上对合金各类相的微观结构、相变与强化机理等方面进行深入的理论研究。也正因为如此，对预变形促进合金的时效进程的机理机制解释也比较笼统和模糊。

1.3 合金的动态应变时效与PLC效应

在合金固溶体中，空位、置换式或间隙式的溶质（杂质）原子等点缺陷在晶体中会引起点阵畸变，所产生的应力场使空位或溶质原子择优分布在位错线的周围形成所谓的柯氏气团（Cottrell Atmosphere），这种气团对位错有很强的钉扎作用，对位错的运动和合金的变形行为有重大的影响。典型的例子便是金属的明显屈服现象。当变形应力小于临界值（即屈服极限）时，溶质原子形成的柯氏气团将位错牢牢钉扎住，位错不能起动，使金属不会发生塑性变形。只有当变形应力达到屈服极限时，足以使位错从柯氏气团中"脱钉"而变成"自由"位错，它的运动便产生了塑性变形，脱钉后的自由位错在显著低于屈服极限的应力下便可运动，此时材料所需的变形应力下降。若将变形后的材料放置一段时间后，溶质原子扩散到位错线上将位错重新钉扎，在随后的变形时又出现明显屈服，即塑性变形应力又上升至较高的屈服极限，这种由于应力场引起的时效强化现象称为应变时效（Strain Aging，SA）。

一般来说，材料放置的温度越高，原子扩散能力越强，材料的应变时效发生时间 Δt 就越短。当材料在较高的温度以足够慢的速度进行塑性变形时，就会在变形过程中同时发生应变时效，这种现象称之为动态应变时效（Dynamic Strain Aging，DSA），它对材料的变形行为和力学性能都有很大影响。

早在二十世纪二十年代，Portevin 和 Le Chatelier 在 Al-4.5Cu 和 Al-4.5Cu-0.5Mg 合金的拉伸实验中发现，合金在一定的温度区间和较低的应变速率下（0.08/min）拉伸时，其应力-应变曲线上出现了锯齿状的连续屈服，试件表面呈现明显的波纹痕迹。后经 Cottrell 提议，此现象称为锯齿流变或 Portevin-Le Chatelier（简称 PLC）效应[77-80]。随着位错理论的诞生和发展，Nabarro 和 Lubahn[81] 指出合金的 PLC 效应是金属或合金在塑性变形时，不断扩散移动的溶质原子与运动中的位错发生交互作用而使材料产生时效强化的一种现象，是合金在塑性变形时发生动态应变时效的一种宏观表现形式。

大量研究已表明，许多钢种（低碳钢、不锈钢）和有色金属合金（如 Cu、Al、Ti、V、Nb、Zr 合金），在一定的温度和应变速率范围内都会发生 DSA 现象，它可能使材料的微观组织结构发生极大改变，可能改变材料在外加载荷作用下表现出的力学性能[82-88]。研究发生，DSA 现象和 PLC 效应可能对材料的加工性能和使用性能产生一些不利影响，但同时也可以作为某些工业合金的一种强韧化工艺手段得以应用[89]。

1.3.1 DSA 的宏观特征

研究结果表明，金属材料发生动态应变时效时有几种典型的宏观特征，其中最典型的宏观特征就是应力-应变曲线上所表现出的PLC效应。

(1)应力-应变曲线出现锯齿波——PLC效应

金属合金塑性变形时的应力-应变曲线出现锯齿波是运动中的位错与扩散中的溶质原子之间不断交互作用，从而使得位错移动必须克服的应力大小不连续变化的结果。合金固溶体变形时，可动位错遇到障碍物会暂时停止，只有等到热激活提供足够的能量才可以克服这种阻碍继续移动，位错呈现间歇式的运动。而位错又会使相邻区域产生晶格畸变应力场，这种应力场驱动溶质原子通过扩散方式向位错偏聚，形成柯氏气团将可动位错钉扎住。发生DSA时，被障碍物阻挡住的可动位错在等待热激活时，从附近区域扩散过来的溶质原子形成柯氏气团将其钉扎，原来的变形应力无法使位错脱钉继续移动，只有在不断增大的外加应力的作用下可动位错才能脱离溶质原子的钉扎而继续前进，前进到下一个障碍物前又再次被钉扎，如此周而复始实现向前的运动。溶质原子和可动位错之间的反复动态钉扎和脱钉，使变形应力呈现周期性的上升和下降，从而在宏观的应力-应变曲线上出现锯齿波[90, 91]。合金发生锯齿波动的波形通常归为A、B、C三种基本类型[92-95]。A型锯齿波的特征是锯齿高度和振荡频率较小，往往是应力突然增大，接着是应力-应变曲线回归正常，或者出现不连续的下降。B型锯齿波是在应力-应变曲线中出现应力值在平均水平的上下细微振荡，相对A型来说其振荡频率更高。B型锯齿波通常由A型锯齿波发展形成，通常发生在锯齿波开始的地方。C型锯齿波的特征是应力突然下降，锯齿总是低于应力-应变曲线的平均水平，如图1-5所示。锯齿波类型主要受变形温度、应变速率、应变量、合金成分、材料热处理状态以及试验条件等因素的影响。

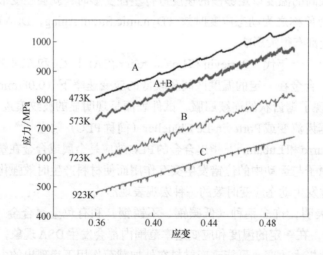

图1-5 应力-应变曲线中的几种类型锯齿波[95]

(2)出现反常的屈服应力和加工硬化速率

通常情况下，金属材料的屈服强度和加工硬化速率会随着温度的升高连续而均匀地下降。但合金在某个温度区间发生动态应变时，屈服应力在这一温度区间几乎保持不变甚至反而上升，这也称为屈服应力平台。这主要是由于合金在这一温度区间发生了DSA，所引起的动态应变时效强化作用减缓或抵消了屈服应力随温度升高而下降的趋势。与此同时，在这一温度区间，合金的加工硬化速率也会随温度升高出现反常上升，形成所谓"加工硬化速率峰"。

例如在实验所得的图1-6中[89]，高纯Ti和纯Ag的加工硬化速率总体随温度上升而持续下降，但对于有一定杂质O元素含量的工业Ti，它的加工硬化速率关系曲线在大约750K的温度时出现了反常峰值，峰值的加工硬化速率是同温度高纯Ti加工硬化速率的4倍多。分析其原因，是含杂质原子的工业Ti在这一温度区间发生了DSA，动态应变时效使材料的加工硬化速率急剧上升。

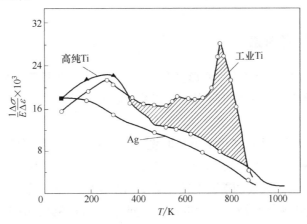

图1-6 不同材料加工硬化速率关系曲线[89]

（3）出现负的应变速率敏感性系数

应变速率敏感系数是应变速率改变时所引起的流变应力的指标参数，这一指标最常用的表示方式为：

$$n = \mathrm{d}\ln\sigma / \mathrm{d}\ln\dot{\varepsilon} \tag{1-1}$$

式中，n为应变速率敏感系数；σ为流变应力；$\dot{\varepsilon}$为应变速率。

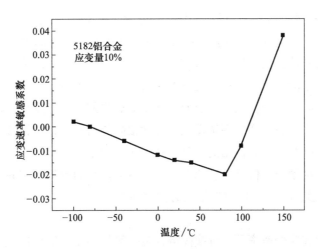

图1-7 5182铝合金应变速率敏感系数[96]

通常情况下，应变速率敏感系数 n 为正值，即材料的流变应力会随着应变速率的增加而上升。当应变速率下降至发生 DSA 的速率范围时，流变应力下降很少甚至反而上升，这时候会出现异常低甚至负的应变速率敏感系数。

例如在高于 80℃ 温度时，AA5182 合金的应变速率敏感系数随温度升高而上升，而在低于 80℃ 的温度区间，应变速率敏感系数很小且随着高温上升而持续降低，甚至出现负值，如图 1-7 所示[96]。研究认为，出现负的应变速率敏感系数也是 DSA 的一个重要特征，作为 DSA 发生的判据比在应力-应变曲线上出现锯齿波更为准确。

1.3.2　DSA 的影响因素

动态应变时效受到变形条件（变形温度、应变速率、应变量等）及材料本身的一些因素（合金成分、材料组织与晶粒大小等）的影响，归纳如下。

（1）变形温度

因为温度决定溶质原子的扩散能力和扩散速率，所以变形温度是材料 DSA 的主要影响因素之一。对于某种特定的合金，DSA 的发生都存在一定的温度区间（大约在 $0.3T_m$ 附近，T_m 为熔点），这一温度区间会随着应变速率的变化而变化。若在温区以外进行变形，则应力-应变曲线上不会出现锯齿波，不发生 DSA。同时，温度还会影响出现 DSA 的临界应变量 ε_c。对于大多数面心立方合金，它们的临界应变量 ε_c 都呈现负的温度系数，即 ε_c 会随着温度的升高而减小，这称为正常锯齿波动现象。但对于少数组织不太稳定或成分和组织复杂的材料，其临界应变量 ε_c 在某些温度区间出现正的温度系数，即临界应变量会随着温度的升高反而减小，所以称为反常锯齿波动现象。此外，温度还会影响锯齿波的类型特征，在其它条件不变的情况下，温度越高，锯齿波的波动幅度和波动频率越大，趋向于形成 C型锯齿波。

（2）应变速率

应变速率也是材料 DSA 发生的重要影响因素之一。对于特定的合金在一定的温度下，DSA 效应也仅发生在一定的应变速率范围内。Cottrell 认为[90]：间隙式或者置换式溶质原子在位错应力场的弹性交互作用下，就会向位错偏聚并择优分布形成对位错有钉扎作用的溶质原子气团。如果应变速率很快或变形温度过低，则可动位错的移动速度远远大于溶质原子扩散速度，停滞的可动位错在溶质原子气团形成之前便已经重新移动，就无法形成有效的钉扎作用；反之，在应变速率很慢或者温度很高的情况下，位错移动速度慢而溶质原子有足够的扩散速度跟上可动位错的移动，就无法对位错产生间隔性的钉扎。所以只有当溶质原子的扩散速度稍慢于位错运动速度时，扩散至位错周围的溶质原子才会对停滞的可动位错形成钉扎拖曳力，从而间隔性地阻碍位错移动。

（3）应变量

在一定的温度和应变速率下，置换固溶合金一般都存在发生 DSA 的临界应变量 ε_c，当应变量小于 ε_c 时不会出现锯齿波动，只有当应变量达到 ε_c 才出产生 DSA 现象。原因在于合金的塑性变形必须达到一定程度后，才能产生溶质原子扩散所需的空位浓度以及 DSA 所需的位错密度。

（4）合金成分

合金成分在很大程度上影响着DSA现象的产生。因为DSA是溶质原子与位错交互作用的结果，所以高纯金属不会出现DSA，只有含一定量的溶质（或杂质）原子的合金材料才可能出现锯齿波动。同时溶质原子的类型对DSA的产生也有很大影响，这是由于Cottrell气团的形成受到溶质原子的溶解度和扩散能力的大小、位错钉扎能力的高低等因素的影响[97]。而且DSA所需溶质原子的含量与溶质原子所形成的固溶体类型有关。其中，置换固溶体要求溶质浓度要高，特别是当具有较大的固溶度时，溶质原子质量分数要达到5%以上；而间隙固溶体只要极少量的间隙原子就能够发生明显的DSA现象。

（5）材料组织与晶粒大小

因为DSA的产生与固溶体中溶质原子的浓度与分布密切相关，所以对于同一材料，各种热处理状态下得到的不同的组织对DSA会产生显著的影响。Baohui Tian[98]研究了Al-1Mg和Al-5Mg合金在不同淬火和时效状态下的锯齿波动，发现不同退火时间所得到的不同微观组织将对临界应变量ε_c和锯齿波类型产生一定程度的影响。

相关研究表明[99]，固溶体的晶粒尺寸大小也会影响临界应变量ε_c和锯齿波类型。晶粒尺寸越大，锯齿波的波动幅度与波动频率越小，同时ε_c增大，DSA的温度区间上升。这主要是因为随着晶粒尺寸增大，单位变形区域内的可动位错密度和空位浓度相对就变小，可动位错密度变小使得DSA需要更大的变形量，而低的空位浓度使溶质原子扩散能力受限，从而使DSA需要更高的温度。

1.3.3 DSA对材料组织结构与性能的影响

材料在DSA的温度和应变速率区间下进行塑性变形时，溶质原子气团对可动位错有钉扎作用，位错如果要继续移动就必须挣脱溶质气团的钉扎或者拖着气团一起移动，原子气团与位错之间反复的钉扎和克服钉扎，同时再加上位错和位错之间的相互作用，就会形成了大量的位错割阶、L-C压杆位错等障碍，这些障碍能一方面促进位错的大量增殖，另一方面还会对位错运动起滞留作用，使得位错不易滑移出表面而消失，从而大大提高了位错密度。在DSA变形过程中位错的组态会发生变化，由长直的单个位错及简单网络位错向复杂的三维缠结网络位错发展，最后随着应变量的进一步增大，趋向形成位错胞状结构。

DSA效应形成的大量位错割阶、L-C压杆位错以及高密度的三维网络缠结位错会使材料继续变形时位错运动的阻力急剧增大，从而提高材料强度。尤其是DSA所形成的高密度位错胞在材料继续变形时能很大程度上地限制新位错的增殖和移动，增加位错源的开动阻力，有效提高材料的屈服强度。由于这种高密度位错结构所引起的强化效果相对均匀，所以能在提高强度的同时保持良好的塑性。所以DSA预处理强化效果要优于普通冷变形强化，不仅可提高材料的室温强度和高温强度，更重要的是塑性得到改善。特别是在较高的DSA温区预处理，效果更显著。因此，DSA处理可作为一种合金强韧化的新手段，比传统的冷变形处理具有更多的优越性[99, 100]。

J.Balik[101]研究了不同成分的Cu-Ni-Sn合金（含Ni为10%，含Sn分别为0、0.24%、0.99%、1.19%，原子百分含量）的动态应变时效，发现在不含Sn的合金中没有明显的DSA现象，而在含Sn的合金中存在很强的DSA效应。在此之后便没有了关于Cu-Ni-Sn合金DSA的研究报道。

1.4 Cu-Ni-Sn合金第一性原理研究进展

1.4.1 第一性原理计算简介

随着科技技术的发展，材料研究逐渐向微纳米尺度领域延伸，因为单一的实验研究表现出诸多局限与不足，使得以计算机模拟技术为基础的理论研究已经成为实验研究方法的一种重要补充与延伸，其中第一性原理计算（First-principle Calculation）是计算材料科学的重要组成部分。第一性原理计算指的是一切基于量子力学原理和电子与原子核的相互作用及其基本运动规律，经过一些近似处理方法求解薛定谔（Schrödinger）方程，从而研究体系的性质。最初是指从头算（Ab-initio），即将多原子构成的体系理解为由电子和原子核组成的多粒子系统，只利用原子的核电荷数和一些模拟环境基本参量而不涉及其它任何经验参数求解体系薛定谔方程的本征值和波函数。由于多电子体系的波函数自由度很多，电子之间的相互作用极其复杂，所以物理学家们对求解薛定谔方程的物理模型进行了近似处理。Hartree-Fock[102]近似处理是将多电子系统中的相互作用看作有效场下的无关联的单电子的运动，这样一个具有N个电子的体系的总波函数就可以写成所有单电子波函数的乘积。这种近似处理方法对于原子数较少的系统很方便，但计算量会随着电子数的增多呈指数增加，所以对于原子数大的系统来说，问题变得很复杂，由于计算机的内存大小和CPU的运算速度的限制，使得该方法对具有较多电子数的计算变得几乎不可能。而且Hartree-Fock近似方法所得到的一些金属费米能和半导体能带的计算结果和实验结果偏差较大。随着二十世纪六十年代以电子密度函数取代波函数描述体系状态的密度泛函理论（Density Functional Theory，DFT）的产生[103]，为第一性原理计算提供了更为简便可行的计算依据，使之在材料研究上的应用更为广泛。

目前第一性原理计算常用的软件有Materials Studio，VASP，BSTATE，ELK，Quantum Espresso和ABINIT等。其中Materials Studio（简称MS）是美国Accelrys公司面向Windows和Linux操作系统开发的可在PC机上运行的材料模拟计算软件，具有良好的人机交互性。MS软件包提供了多种功能模块，其中的Materials Visualizer模块能很方便地建立各种无定型非晶体、纳米团簇、晶体、小分子及高分子材料的三维结构模型，并能进行相关数据的图表处理，为MS软件包的基础核心模块。其中的Castep（Cambridge Serial Total Energy Package）模块是基于DFT的平面波赝势方法的先进量子力学程序，可应用于金属、高分子、陶瓷、半导体以及矿石等材料的第一性原理计算，特别适用于具有周期性结构的体系计算与研究。Castep模块可以实现体系的能量计算、结构优化、分子动力学计算、电子结构与声子计算，以及光、磁、力学等多种性能的计算与研究。Castep计算步骤通常包括四步：①确定计算与研究目标并建立对应的体系结构模型；②对体系结构模型进行几何结构优化，得到优化结构的体系能量和相关参数；③基于结构优化模型计算其它各种性质；④对计算结果进行分析与图表处理。

1.4.2 第一性原理在铜合金的研究应用

第一性原理计算在各类材料的研究上得到了广泛应用。在铜合金材料研究方面，通过第一性原理计算可以得到实验无法获得的原子尺寸机理分析，并弥补实验数据的缺失，其应用主要集中在以下几个方面。

（1）铜基合金相的计算

G. Ghosh[104]利用第一性原理对Cu-TM（TM = Ti，Zr，Hf）的95种金属间化合物的晶体结构参数、热力学稳定性和力学性能等行了系统研究。还结合实验研究了L1$_2$、D0$_{22}$和D0$_{23}$等三种结构的（Al，Cu）$_3$(Ti，Zr)相在各个不同成分时的稳定性和弹性模量[105]。Chun Yu等人[106]利用第一性原理研究了金属间化合物Cu$_{6-x}$Ni$_x$Sn$_5$的结构与电子性质，研究了合金相中Ni原子的晶体中的占位取向，证实了Cu$_4$Ni$_2$Sn$_5$具有比Cu$_6$Sn$_5$更稳定的结构。Jian Yang等人[107]对η'-（CuNi）$_6$Sn$_5$金属间化合物的结构、力学、热物理和电子性质进行了研究，结果表明掺杂的Ni原子不仅可以提高Cu$_6$Sn$_5$的稳定性，而且还可以改善机械和热物理性质，在所有成分的η'-（CuNi）$_6$Sn$_5$中，Cu$_3$Ni$_3$Sn$_5$表现出最佳的稳定性。J. Teeriniemi等[108]基于第一性原理的聚类展开方法计算了复杂的Cu-Ni-Pd三元合金结构模型，并与实验结果进行了比较。I. Bustamante-Romero等人[109]用混合基赝势方法和自洽虚拟晶近似方法研究了磁性金属间化合物Ni$_{1-x}$Cu$_x$在密度函数微扰理论框架下的晶格动力学性质。龙永强[110]利用Castep计算了Cu-Ni-Si合金中的L1$_2$、D0$_{22}$和D0$_{23}$结构的（Cu，Ni）$_3$Si有序相、δ-Ni$_2$Si、γ-Ni$_5$Si$_2$和β-Ni$_3$Si强化析出相的晶格常数、形成热、结合能和态密度等，得到了该合金时效析出相的稳定序列。

（2）铜及铜基固溶体的相关计算

陈春彩[111]利用基于DFT的ABINIT软件包计算了金属Cu的体积模量、声子谱、电子能带和态密度，通过分析计算晶格结构与能量关系，提出了一种计算金属熔化温度的静力学方法。Yufei Wang等人[112]基于密度泛函理论计算了铜基中各类溶质原子的空位结合能，并分析了超晶模型大小、溶质尺寸和磁矩对结合能的影响趋势，所计算出的结合能与实验测量结果能很好地吻合。Yufei Wang[113]还对Cu-Fe-X合金中，X元素的类型对Fe在Cu基中的溶解度、电荷密度以及铁与铜原子间的局域态密度的影响进行了常规计算，为高强度、高导电率的Cu-Fe合金的成分设计提供了指导。Jinghua Xin等人[114]结合第一性原理和相图计算，对Al-Cu-Mg合金系的FCC相的扩散系数进行了预测，并与实验数据进行了对比，验证了计算的可靠性。温玉锋等人[115]采用基于投影缀加波赝势和广义梯度近似的第一性原理计算方法计算了三种FCC结构的Fe-Cu无序固溶体合金的基态性质、弹性常数以及电子结构，其中Fe-Cu无序固溶体合金采用特殊准随机结构（Special Quasirandom Structure）模型进行计算。

1.4.3　Cu-Ni-Sn合金第一性原理研究展望

我国Cu-Ni-Sn合金现仍处于实验室研究阶段，而且研究主要集中在以下几个方面：①合金的成分设计，通过加入微量元素如Si、Ti、Mn、Al、Nb、Co、Fe、Zn及稀土元素以抑制材料的成分偏析，或细化晶粒，阻碍不连续沉淀胞状物的析出等等，从而提高材料的强度和塑性。②合金锭坯制备工艺方法研究，主要研究普通熔炼、真空熔炼、粉末冶金、快速凝固等工艺方法制备Cu-Ni-Sn合金锭坯。③变形热处理工艺研究，主要研究各种热冷变形（热挤压+冷拉拔或旋锻）及后续时效工艺。在实验中发现，经不同变形量的冷变形再时效，时效过程中可能因应力分布不均匀造成样品开裂甚至断裂。材料的伸长率、高温强度和抗疲劳强度等指标离性能要求还有较大的距离。

但目前对该合金的研究主要还存在以下两个方面的问题。一方面，由于Cu-Ni-Sn合金属于调幅分解强化与析出强化型合金，析出相种类繁多，各种物相的关系及在合金中的作用尚不十分明确。过去研究者发现Cu-Ni-Sn合金在时效过程中可能有多种不同结构的析出相：DO_{22}结构有序相、$L1_2$结构有序相、DO_3结构有序相及正交结构的δ相（β-Cu_3Ti结构）。这些有序相都可以表达为$(Cu_xNi_{1-x})_3Sn$，但它们的实际成分、稳定性、相互之间的转变关系、力学性能以及对合金性能影响等都不明确。例如，一般认为Ni仅通过固溶强化基体，不影响相变，但一些文献表明，当Sn含量恒定时，合金的脆性随着Ni含量增加而降低[52, 116]。Ni在该合金中除了对基体起固溶强化外，是否对合金的调幅分解及强化相析出起影响作用？再例如，$(Cu_xNi_{1-x})_3Sn$是Cu-Ni-Sn合金的主要析出强化相，但它的各种性质与x值之间是否存在一定的关系？实验研究发现：在合金过饱和固溶体时效过程中，DO_{22}和$L1_2$为亚稳有序相，DO_{22}有序相的析出发生在$L1_2$和DO_3之前，并且$L1_2$和DO_{22}都可以共存于Cu-15Ni-8Sn合金中[47, 117]，然而这两个亚稳相之间到底有何关联和区别？这些关键问题到目前没有相关研究和结论。所以合金成分对于其强化机理和性能的影响及原因有待进一步深入探讨。另一方面，形变强化与析出强化是该合金的主要强化手段，但两者之间的相互影响的机理机制也有待进一步研究。例如，虽然众多研究表明，预变形能促进Cu-Ni-Sn合金的时效进程，提高合金的力学性能，但预变形对于调幅分解和析出相的影响机制却是众说纷纭没有定论，更没有相关定量的计算与分析。分析其原因，没有深入研究和探讨Cu-Ni-Sn合金在预变形和时效过程中，固溶体中溶质原子的扩散机制、位错与溶质原子的相互作用、位错形态和成分变化对于时效析出的影响，这些原子尺度的基础理论问题很难通过单纯的实验结果分析出来。

Cu-Ni-Sn合金的主要强化机制为形变强化和时效析出强化。所以，本书拟通过第一性原理计算，首先对Cu-Ni-Sn合金固溶体的稳定性，固溶体中位错与溶质原子的相互作用以及各类时效析出相在原子尺度上进行系统的计算与理论分析。而Cu-Ni-Sn合金的动态应变时效是运动中的位错与扩散中的溶质原子之间不断交互作用，是变形与时效同时进行的一种时效强化工艺方法，它与合金固溶体的稳定性、溶质原子的扩散及其分布状态、位错与溶质原子的相互作用等密切相关。因此在第一性原理计算基础上开展Cu-Ni-Sn合金动态应变时效实验研究，可以深入研究该合金变形与时效的强化机理机制，理论计算与实验研究可以相互补充、相互佐证。结合第一性原理计算与动态应变时效实验，系统研究Cu-Ni-Sn合金的析出相与变形时效以及第四种微合金元素对Cu-Ni-Sn合金组织与性能的影响，不仅有助于加深对其塑性形变微观过程和析出强化的理解，而且还能为后续的深入研究，进一步挖掘该合金的性能潜力提供借鉴和参考。

本书介绍了第一性原理计算在Cu-Ni-Sn合金组织结构及其性能调控研究中的应用。主要计算并分析了Cu-Ni-Sn合金固溶体的稳定性、各类固溶体缺陷的形成及其相互作用、各类不同结构时效析出相的特点，分析合金在不同状态下的各类组织微观结构的性质及其形成机理。同时以典型的Cu-15Ni-8Sn合金为例，通过观察不同温度和应变速率下合金的变形行为及组织变化，系统研究Cu-Ni-Sn合金动态应变时效的机理机制及其对材料组织及性能的影响，以及微合金元素对合金组织与性能的影响。具体如下：

（1）Cu-Ni-Sn固溶体稳定性的第一性原理计算

通过Material Studio建立过饱和的Cu-Ni-Sn超胞模型，利用Castep结构优化获得各模型的弛豫状态，分别计算和分析各成分固溶体的形成能及电子结构、Sn和Ni溶质原子的调幅分离能、调幅分解时的体积变化、溶质原子的团簇行为，为合金动态应变时效的实验研究提供理论分析依据。

（2）Cu-Ni-Sn固溶体缺陷的第一性原理计算

通过第一性原理计算纯铜晶体的空位形成能、Cu自扩散激活能和Sn在Cu基中的体扩散激活能，并与文献实验值进行对比验证。再建立铜基超胞固溶体刃型位错模型，利用第一性原理计算固溶体中的溶质原子在位错周围形成不同分布状态下的能量差，从而得到溶质原子在位错作用下的择优分布取向，并计算出位错和溶质原子的交互作用能。

（3）$(Cu_xNi_{1-x})_3Sn$析出相的第一性原理计算

利用超胞法（SC）和虚晶近似法（VCA）分别计算不同结构与成分的$(Cu_xNi_{1-x})_3Sn$有序相的晶格常数、形成能。重点分析和比较$L1_2$、$D0_{22}$及$D0_3$这三种时效析出相的晶格常数、力学性能、电子性质和热力学性质，通过计算对合金在不同成分时的析出先后关系进行理论分析。

（4）Cu-15Ni-8Sn合金的动态应变时效实验研究

将粉末冶金法制备的Cu-15Ni-8Sn合金在常规时效温度区间（300~450℃）和低于常规时效温度区间（27~300℃），分别以不同的应变速率进行压缩变形正交实验，分析各应力-应变曲线的锯齿波动情况，确定该合金发生DSA的温度和应变速率区间，计算出DSA的激活能，结合第一性原理计算结果分析DSA效应形成的机理及其对合金微观组织的影响。

（5）Cu-15Ni-8Sn合金的DSA预处理与再时效实验研究

分别在发生DSA和不发生DSA的温度和应变速率下，对Cu-15Ni-8Sn合金进行不同变形量的压缩变形和再时效实验。观察和比较各试样的组织及力学性能变化，研究DSA过程中合金微观组织的演变过程，以及DSA预处理对合金再时效组织与性能的影响。

（6）微合金元素对Cu-Ni-Sn组织与性能影响的计算与实验研究

利用第一性原理计算和比较不同结构类型 Ni_3M 和 Cu_3M 析出相的热稳定性和力学性能，分析各析出相对合金组织与性能影响的机理机制。并以 Si 和 Ti 元素对 Cu-15Ni-8Sn合金的影响为例，通过实验结果分析微合金元素对 Cu-Ni-Sn 组织与性能的影响。

第2章

Cu-Ni-Sn固溶体稳定性第一性原理计算

2.1 Cu-Ni-Sn固溶体简介

Cu-Ni-Sn合金主要通过固溶处理后进行变形强化以及时效析出强化。通过在较高温度进行固溶然后快速冷却，可获得过饱和的α相固溶体。过饱和的Cu-Ni-Sn的脱溶转变主要包括调幅分解和沉淀析出。本章利用第一性原理对Cu-Ni-Sn固溶体的稳定性进行了计算，分析了固溶体中溶质原子的调幅分解与团簇现象[118]。

合金的调幅分解是一种连续型的固态相变，新相不需要经过形核，而是由固溶体中的合金成分浓度起伏并持续增长形成。图2-1所示为AB二元系合金的时效相图与相变过程的Gibbs自由能变化曲线[119]。当高温单相区过饱和状态的α固溶体快速冷却至临界温度T_c以

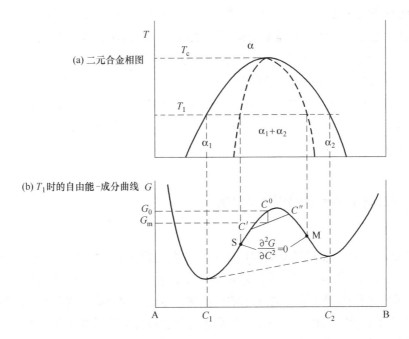

图2-1 调幅分解的合金相图及自由能-成分曲线[119]

下的某一温度 T_1 时，α 固溶体将分解成浓度为 C_1 的 α_1 固溶体和浓度为 C_2 的 α_2 固溶体，因为 α_1 和 α_2 的自由能最低。T_1 温度下系统的自由能变化曲线如图 2-1(b) 所示。通过分析自由能变化曲线可得到 α→α_1+α_2 的相变，方式有两种：一种是通过形核和长大方式，需要克服形核的势垒（即自由能在中间部位凸起的峰值）；另一种是调幅分解相变机制，即分解不需要形核，可直接通过成分起伏自发进行。图 2-1(b) 自由能成分曲线有一个极大值（势垒）和两个极小值（平衡态的 α_1 和 α_2 的自由能），所以曲线上存在两个自由能对成分的二阶导数为零（即 $\partial^2 G/\partial C^2 = 0$）的拐点（S 和 M 点）。对于成分在两个拐点之间的合金（如成分为 C^0），当局部区域的成分发生微小的起伏而偏离原始 C^0 成分时，相邻区域会变成为 C' 和 C'' 两种成分，这两种成分混合状态体系的 Gibbs 自由能 G_m 低于原始状态体系的自由能 G_0。于是 C^0 成分的固溶体中出现任何微小的成分起伏（形成富 A 和富 B 区）都可使系统的 Gibbs 自由能下降，而不需要较大的热激活来克服形核的势垒。相图中将各个温度下两拐点成分连接起来所形成的虚线称为调幅界限，区域内的分解为自发的上坡扩散，区域外的分解为形核-长大机制。调幅分解过程是一个不断增幅的上坡扩散长大过程，最后形成结构相同、成分不同的富 A 固溶体和富 B 固溶体两相，分解初期的浓度变化较小，随着时效时间的延长，浓度波动的幅度越来越大，直至达到平衡析出相 α_1+α_2。

调幅分解具有以下特点：①因为不需要更高激活能来克服形核势垒，所以没有形核孕育期，分解速度较快；②调幅组织中的成分贫、富两相与基体保持共格，所产生周期变化的弹性应力场对位错的移动产生强烈的阻碍作用，因此是一种时效强化组织；③成分呈周期变化的调幅组织均匀致密，对缺陷不敏感，抗腐蚀性高，且不易粗化。

Sn 的质量分数大于 4% 的 Cu-Ni-Sn 合金为典型的调幅分解型合金，固溶后所形成的过饱和固溶体能在较低的温度下发生调幅分解，所形成的调幅组织对该合金的性能有很大的影响，是该合金的一种重要时效强化机制。江伯鸿和张美华等人[120-123]研究分析了 Cu-Ni-Sn 三元系合金调幅分解的热力学问题，利用相应的二元相图及热力学数据，以规则溶液作近似，估算出组元间的交互作用系数，计算了不同温度下调幅分解的成分范围，从热力学上证明了 Cu-Ni-Sn 合金存在调幅分解，Sn 和 Ni 都会偏聚形成浓度起伏。本书基于第一性原理，对 Cu-Ni-Sn 合金固溶体的调幅分解及溶质原子的团簇进行了计算和分析。

2.2　固溶体 MS 计算方法

因为 Castep 程序只能对具有周期性的结构体系进行计算，所以在利用 Material-Studio（简称 MS）搭建固溶体模型时，需要建立原子数足够大的超胞，使固溶体分子式中各原子个数为整数倍。同时要降低固溶原子的浓度比例，以避免固溶原子之间因为距离太近存在相互作用而影响计算的准确性。但由于计算工作量会以体系原子数目的三次方增加，所以在保证计算准确性和可靠性的同时，要尽量减少超晶胞结构模型的原子数目以节省计算资源。总之，在搭建固溶体结构模型时，既要保证计算可靠又要尽量提高计算效率，通过合理分析在这两者之间找到平衡。

2.2.1 固溶体模型的搭建

因为Cu-Ni-Sn固溶体中Ni和Sn的摩尔分数都是变量，模型体系相对复杂。为了简化模型，提高计算效率，固溶体模型同时采用虚晶近似法（Virtual Crystal Approximation，VCA）和超胞法（Super Cell，SC）两种方法进行处理。因为Ni和Cu的晶格类型、原子半径和电子特性相似，Ni能在Cu中无限固溶形成Cu-Ni合金基体，所以以Ni原子在Cu晶体中的固溶采用虚晶近似法表示是合理可行的。根据实际应用中的Cu-Ni-Sn系合金成分范围，设定（Cu，Ni）虚晶原子分别为100%Cu、95%Cu+5%Ni、90%Cu+10%Ni、85%Cu+15%Ni、80%Cu+20%Ni、75%Cu+25%Ni和70%Cu+30%Ni。而Sn原子在（Cu，Ni）基体中的固溶则采用超胞结构原子替代法，即以FCC-Cu晶胞为基础构建一个2×2×2共计32个原子的超胞晶格，再将晶格其中的1至7个（Cu，Ni）虚晶原子替换成Sn原子，分别形成（Cu，Ni）$_{31}$Sn，（Cu，Ni）$_{30}$Sn$_2$，（Cu，Ni）$_{29}$Sn$_3$，（Cu，Ni）$_{28}$Sn$_4$，（Cu，Ni）$_{27}$Sn$_5$，（Cu，Ni）$_{26}$Sn$_6$

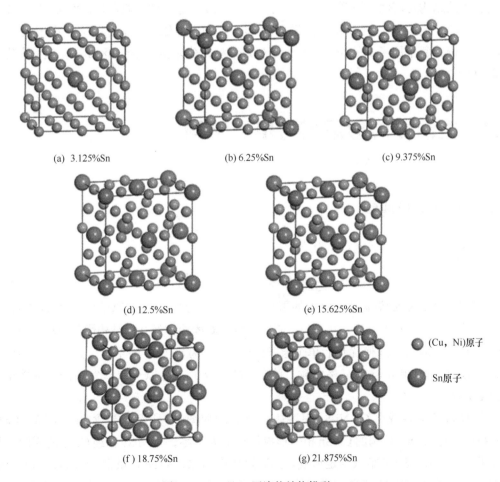

(a) 3.125%Sn   (b) 6.25%Sn   (c) 9.375%Sn

(d) 12.5%Sn   (e) 15.625%Sn

(f) 18.75%Sn   (g) 21.875%Sn

● （Cu，Ni）原子

● Sn原子

图2-2 Cu-Ni-Sn固溶体结构模型

和（Cu，Ni）$_{25}$Sn$_7$等固溶体模型，各固溶体含Sn量（原子百分数）分别为3.125%、6.25%、9.375%、12.5%、15.625%、18.75%和21.875%，如图2-2所示。

对于（Cu，Ni）$_{29}$Sn$_3$、（Cu，Ni）$_{28}$Sn$_4$、（Cu，Ni）$_{27}$Sn$_5$和（Cu，Ni）$_{25}$Sn$_7$等四种固溶体，Sn原子对（Cu，Ni）虚晶原子的替换位置有多种变化，故存在多种不同的结构，通过Castep结构优化分别计算它们的总能量，然后采用能量最低的结构作为后续的计算分析模型。

当替代（Cu，Ni）虚晶原子的Sn原子数量达到8个时，固溶体中的Sn摩尔分数为25%，便会形成更稳定的（Cu，Ni）$_3$Sn有序相。本计算以Cu-Ni-Sn合金时效过程经调幅分解后最先析出的D0$_{22}$结构为有序相的计算模型。

2.2.2　计算参数的设置

采用基于密度泛函理论和平面波赝势方法的Castep进行计算，电子和原子核之间的相互作用采用超软赝势来描述，计算时交换关联能采用广义梯度近似（GGA）下的PW91。所有计算的结构几何优化在倒易空间上进行，对于32个原子的超胞晶格，K点的网格划分均为3×3×3，最大平面波截断能量设置为440eV，自洽收敛条件为：总能量不大于5×10^{-6}eV/atom，每个原子上的作用力不大于0.01eV/Å，公差偏移小于5×10^{-4}Å，最大内应力不超过0.02GPa。

2.3　固溶体的形成能与电子结构

2.3.1　固溶体形成能

各成分固溶体的形成能定义为[124-126]：

$$\Delta \bar{H} = \frac{1}{32} \left[E_{\text{solution}}^{n\text{Sn}} - (32-n) E_{\text{solid}}^{\text{Cu}_{1-x}\text{Ni}_x} - nE_{\text{solid}}^{\text{Sn}} \right] \tag{2-1}$$

式中，$\Delta \bar{H}$为固溶体单个原子的形成能；$E_{\text{solution}}^{n\text{Sn}}$为含$n$个Sn原子固溶体的总能量；$E_{\text{solid}}^{\text{Cu}_{1-x}\text{Ni}_x}$是Ni含量（at.%）为$x$的（Cu，Ni）虚晶FCC固溶体经几何结构优化后单个原子的能量；$E_{\text{solid}}^{\text{Sn}}$为α-Sn经几何优化后单个原子的能量；$n$为Sn原子的个数。其中各不同成分（Cu，Ni）固溶体和α-Sn的晶格常数、单个（Cu，Ni）虚晶原子和单个Sn原子的能量如表2-1所示。

计算得到的各成分Cu-Ni-Sn固溶体的形成能如图2-3所示。当含Ni为0和5%时，Cu-Sn固溶体及D0$_{22}$结构的Cu$_3$Sn相的形成能全部大于零，说明Sn在纯Cu中的固溶度很小，同时D0$_{22}$-Cu$_3$Sn相难以稳定形成。当固溶体虚晶原子的Ni含量在10%到20%时，固溶体形成能峰值随着Ni含量的增加持续增大，其最大值出现在Sn原子含量为12.5%的成分附近（3~5个Sn原子），说明该成分的Cu-Ni-Sn固溶体更加难以稳定形成。但随着Sn原子的继续增加，其形成能曲线在峰值后的下降趋势也更快，(Cu，Ni)₃Sn相形成能逐渐减小至负值，说明在合金的富Sn区域能形成稳定的(Cu，Ni)₃Sn析出相，但这种富Sn区的形成需要通过Sn原子的调幅分解来实现。当含Ni≥25%时，形成能曲线随着Sn含量的增加总体呈下降趋势，各不同Sn含量的固溶体和(Cu，Ni)₃Sn相的形成能都为负值，说明当Ni含量达到25%时，不同Sn含量的固溶体都能稳定形成，直到生成最稳定的(Cu，Ni)₃Sn相，这个过程无需经过调幅分解。

□ 表2-1　晶格常数及单个原子能量

原子（成分）	结构	晶格常数/Å	E_{solid}/eV
Cu	面心立方	a=3.628	−1478.23
95%Cu+5%Ni	面心立方	a=3.614	−1467.41
90%Cu+10%Ni	面心立方	a=3.602	−1457.16
85%Cu+15%Ni	面心立方	a=3.591	−1447.48
80%Cu+20%Ni	面心立方	a=3.583	−1438.27
75%Cu+25%Ni	面心立方	a=3.576	−1429.60
70%Cu+30%Ni	面心立方	a=3.570	−1421.43
Sn	金刚石立方	a=6.663	−95.5

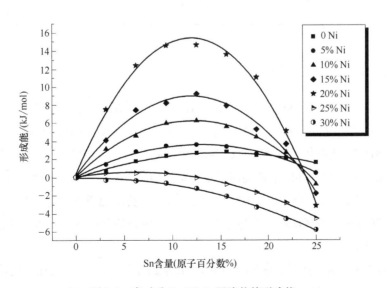

图2-3　各成分Cu-Ni-Sn固溶体的形成能

因为平面波截断能和 K 点网格大小等计算参数的选择在很大程度上决定了计算结果的可靠性，因此必须对设定的主要计算参数进行验证。本书计算了不同 K 点取值下，几种不同成分固溶体的晶格常数和形成能，如表 2-2 所示。由表中可得知 K 点值取 3×3×3 时，计算的晶格常数和形成焓与 K 点值取 4×4×4 和 5×5×5 时的差异很小，可满足收敛要求。采用同样方法对平面波截断能取值进行测试和分析，结果显示平面波截断能取 440eV 时完全能够满足体系对计算精度的要求。

▫ 表2-2　K点取值对固溶体晶格常数及形成能的影响

K 点设置		2×2×2	3×3×3	4×4×4	5×5×5
$(Cu,Ni)_{31}Sn$	晶格常数/Å	3.328	7.324	7.325	7.324
	形成焓/(kJ/mol)	0.683	0.669	0.671	0.667
$(Cu,Ni)_{29}Sn_3$	晶格常数/Å	7.474	7.469	7.468	7.469
	形成焓/(kJ/mol)	2.346	2.339	2.340	2.338
$(Cu,Ni)_{27}Sn_5$	晶格常数/Å	7.599	7.593	7.593	7.594
	形成焓/(kJ/mol)	2.811	2.792	2.791	2.789
$(Cu,Ni)_{30}Sn_2\_10\%Ni$	晶格常数/Å	7.341	7.337	7.338	7.336
	形成焓/(kJ/mol)	4.621	4.610	4.608	4.609
$(Cu,Ni)_{26}Sn_6\_25\%Ni$	晶格常数/Å	7.545	7.523	7.522	7.523
	形成焓/(kJ/mol)	-1.569	-1.686	-1.685	-1.683

2.3.2　固溶体的电子结构

各不同 Ni 含量的 $(Cu,Ni)_{31}Sn$ 和 $(Cu,Ni)_{25}Sn_7$ 固溶体的电子总态密度分别如图 2-4（a）和图 2-4(b) 所示。同 Ni 含量的 $(Cu,Ni)_{25}Sn_7$ 比 $(Cu,Ni)_{31}Sn$ 的 DOS 峰位置相对偏左。对于 $(Cu,Ni)_{31}Sn$ 固溶体，随着 (Cu,Ni) 虚晶原子中 Ni 含量的增加，费米能级处的电子数整体呈增加的趋势，即固溶体趋向于不稳定，如图 2-4（a）所示。对于 $(Cu,Ni)_{25}Sn_7$ 固溶体，随着 (Cu,Ni) 虚晶原子中 Ni 含量的增加，费米能级处的电子数先下降后上升，当 Ni 含量为 20% 时，费米能级处的电子数最小，说明该成分的 $(Cu,Ni)_{25}Sn_7$ 固溶体最稳定，如图 2-4 (b) 所示。

图 2-5（a）和（b）分别为含 Ni 为 0 和含 Ni 为 25% 的 $(Cu,Ni)_{25}Sn_7$ 固溶体（110）面的电子密度分布图。由图可知，两者的电子密度分布情况整体相似，但 Ni 原子的增加，使基体 (Cu,Ni) 原子与 Sn 原子结合区的电子密度增大，结合力更强。

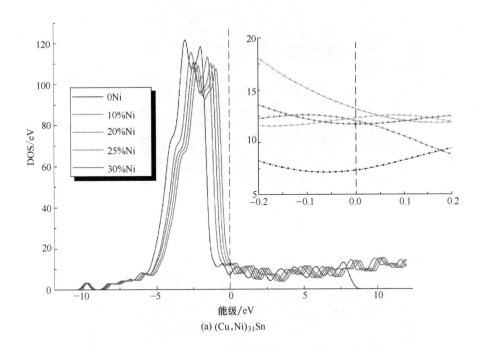

(a) $(Cu,Ni)_{31}Sn$

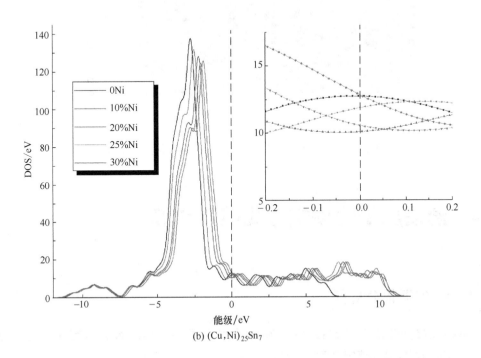

(b) $(Cu,Ni)_{25}Sn_7$

图2-4　不同Ni含量固溶体的总态密度

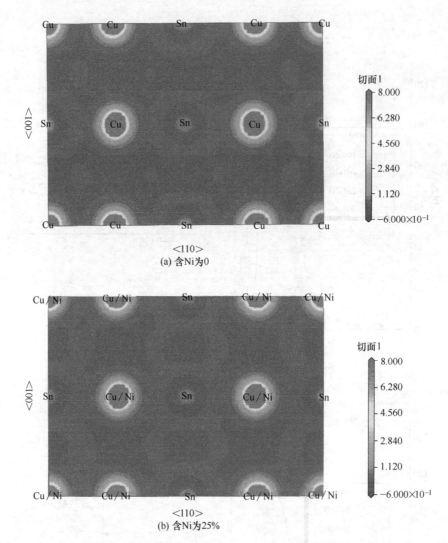

图2-5 不同Ni含量（Cu，Ni）$_{25}$Sn$_7$固溶体的电子分布密度

2.4　溶质原子的调幅分离能及团簇

2.4.1　Sn的调幅分离能

Sn的调幅分解浓度（at%）最小为0，最大为形成（Cu，Ni）$_3$Sn有序相的Sn含量（25%）。Sn的调幅分离能定义为[127, 128]：

$$\Delta H = E_{\text{solution}}^{n\text{Sn}} - \left(1 - \frac{n}{8}\right) E_{\text{solution}}^{0\text{Sn}} - \frac{n}{8} E_{\text{solid}}^{(\text{Cu, Ni})_3\text{Sn}} \tag{2-2}$$

式中，ΔH 为调幅分离能；$E_{\text{solution}}^{n\text{Sn}}$ 为经第一性原理几何优化后计算得到的含 n 个 Sn 原子固溶体的总能量；$E_{\text{solution}}^{0\text{Sn}}$ 为不含 Sn 原子的 Cu-Ni 固溶体的总能量；$E_{\text{solid}}^{(\text{Cu, Ni})_3\text{Sn}}$ 为（Cu，Ni）$_3$Sn 有序相（每 32 个原子中包括含 8 个 Sn 原子，Sn 含量为 25%）的总能量。

如果分离能为正值，说明含 n 个 Sn 原子的固溶体的能量大于 Cu-Ni 固溶体和（Cu，Ni）$_3$Sn 有序相混合态的能量，固溶体相具有分解的趋势，并且分离能越大，分解的趋势越明显。反之，如果分离能为负值，则不同成分的 Cu-Ni 固溶相趋向于中和成均匀成分的固溶体。

对于不同含 Ni 成分的固溶体，Sn 的调幅分离能如图 2-6 所示。含 Ni 量从 0 至 30%，固溶体都具有正的分离能，说明在设定成分范围内的 Cu-Ni-Sn 固溶体都具有调幅分解趋势，但调幅分解强度不一。当含 Ni 量从 0 至 20% 时，分离能随着 Ni 含量的增加而升高，而当 Ni 量再增加时，分离能急剧降低。Ni 含量 20% 和 Sn 含量 12.5%（原子百分数）的 Cu-Ni-Sn 固溶体具有最强的分解趋势，这时候的调幅分离能约为 16.5kJ/mol。可理解为在合金时效时，在这种成分过饱和固溶体中的 Sn 原子最容易进行上坡扩散而形成贫 Sn 区和富 Sn 区，合金调幅分解的速度最快。

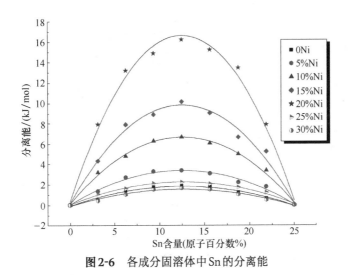

图 2-6 各成分固溶体中 Sn 的分离能

2.4.2 Ni的调幅分离能

文献[115] 指出，尽管传统的合金相图和实验研究将 Cu-Ni 看作为完全无序互溶的固溶体，实际上 Cu-Ni 固溶体却存在二元成分的调幅分解，但由于调幅分解所形成的两相的点阵常数原子散射因子太接近，以往很难用常规的实验方法来检测和证明。文献[129] 采用中子衍射测算了 Cu-Ni 二元固溶体合金中的短程有序参数随温度和成分的变化曲线，证实溶质原子在基体中的分布呈现偏聚状态。文献[130] 研究发现 Cu-Ni 混合团簇中有明显 Cu 元素偏析现象，即 Cu 和 Ni 原子没有互相混合形成有序结构，而是分别聚集在一起形成对称性很低呈割据状态的体系。本章通过第一性原理计算对 Cu-Ni-Sn 固溶体中 Ni 原子的调幅分解也进行了分析与研究。

根据本章设定的（Cu，Ni）虚晶原子成分，Ni的分解浓度（原子百分数）最小为0，最大为30%，则Ni的调幅分离能可定义为：

$$\Delta H = E_{\text{solution}}^{x\text{Ni}} - \left(1 - \frac{x}{0.3}\right)E_{\text{solution}}^{0\text{Ni}} - \frac{x}{0.3}E_{\text{solution}}^{30\%\text{Ni}} \tag{2-3}$$

式中，ΔH为调幅分离能；$E_{\text{solution}}^{x\text{Ni}}$为经第一性原理几何优化后计算得到的虚晶原子含$x$（原子百分数）Ni的固溶体总能量；$E_{\text{solution}}^{0\text{Ni}}$为不含Ni的Cu-Sn固溶体总能量；$E_{\text{solution}}^{30\%\text{Ni}}$为虚晶原子含30%Ni的固溶体总能量。

对于不同含Sn量的固溶体，Ni的调幅分离能如图2-7所示。很明显，Ni的调幅分解趋势比Sn的调幅分解趋势强很多，调幅分离能约为180~230kJ/mol。而且其调幅分解强度较平衡，随着Sn含量的增加只略有降低，单纯的Cu-Ni固溶体调幅分离能峰值最高。这说明Cu-Ni二元合金中Ni很容易进行调幅分解而形成富Ni区和贫Ni区，Cu-Ni固溶体并不会是成分均匀的固溶体，Sn的加入对Ni在Cu基中的调幅分解略有抑制作用。

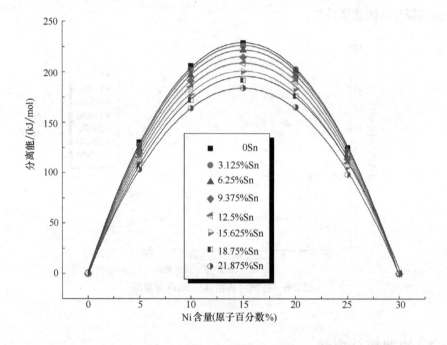

图2-7　固溶体中Ni的分离能

2.4.3　固溶体的体积变化

根据固溶体几何优化后的晶格常数计算得到各成分固溶体原子的平均体积，如图2-8所示。对于Ni含量一定的固溶体，其体积随含Sn量的升高基本呈直线增加，如图2-8（a）所示。这说明Sn的调幅分解不受固溶体体积变化的影响，调幅过程中的体积应变较小。对于固定Sn含量的固溶体，体积随含Ni量的升高而降低，并且是呈下凹的曲线关系，如

图2-8（b）所示，这说明在Ni的调幅过程中，固溶体体积增大，受较大的体积应变限制。

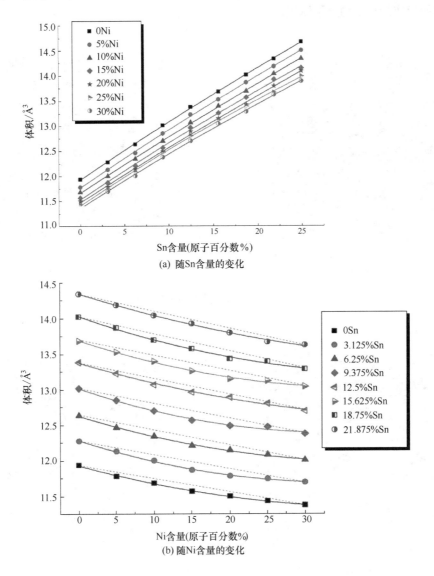

(a) 随Sn含量的变化

(b) 随Ni含量的变化

图2-8 固溶体体积随成分的变化

2.4.4 溶质原子的团簇

为了研究Cu-Ni-Sn固溶体中溶质原子的分布取向，利用超胞法计算同一成分不同原子排列方式的Cu-Ni-Sn固溶体的形成能，以研究Ni和Sn溶质原子的团簇问题。首先构建了32个原子的$Cu_{19}Ni_{12}Sn$和$Cu_{24}Ni_6Sn_2$两种成分的固溶体，每种固溶体构建两种原子分布情况进行对比。

一种情况为Ni原子在Cu基中近似地均匀分布（非团簇模型），另一种则为Ni原子偏聚于Sn原子周围（团簇模型），分别如图2-9和图2-10所示。然后进行结构优化并比较不同结构的形成能与平均原子体积。

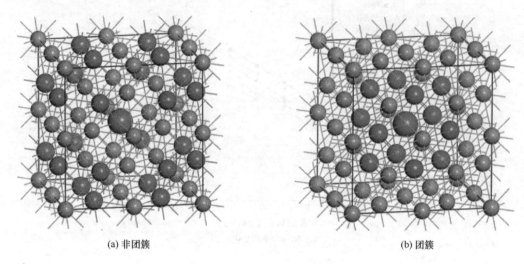

(a) 非团簇　　　　　　　　　　(b) 团簇

图2-9　$Cu_{19}Ni_{12}Sn$固溶体模型

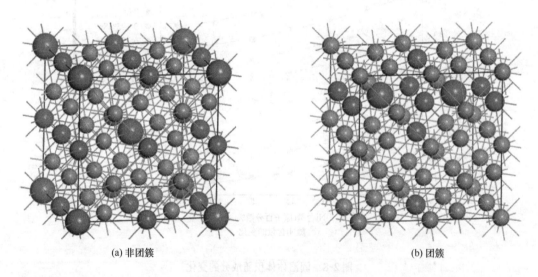

(a) 非团簇　　　　　　　　　　(b) 团簇

图2-10　$Cu_{24}Ni_6Sn_2$固溶体模型

固溶体模型形成能及原子平均体积计算结果如图2-11所示。很明显，对于$Cu_{19}Ni_{12}Sn$固溶体，非团簇模型具有正的形成能，说明该结构的固溶体不能稳定形成，而团簇结构是负的形成能，能稳定形成。对于$Cu_{24}Ni_6Sn_2$固溶体，团簇结构的形成能也比非团簇结构的形成能低，如图2-11（a）所示。而两种成分固溶体的团簇结构的平均原子体积比非团簇结构的平均原子体积小，如图2-11（b）所示。这说明Cu-Ni-Sn固溶体中，Ni原子在Cu基体中并不是均匀无序分布，而是可能与Sn存在团簇，即Ni原子趋向分布在Sn原子周围并与之成键，这样会使得固溶体的原子排列更致密，总能量更低。

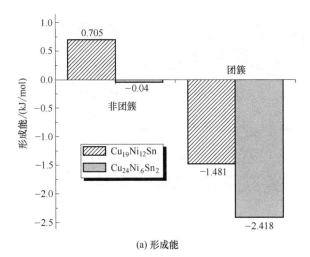

(a) 形成能

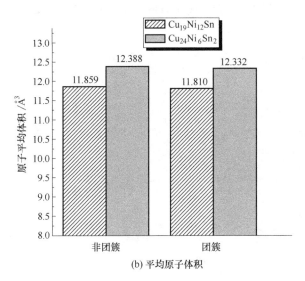

(b) 平均原子体积

图2-11　非团簇和团簇固溶体计算结果比较

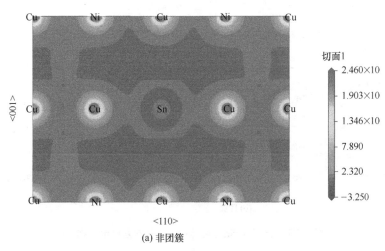

(a) 非团簇

图2-12

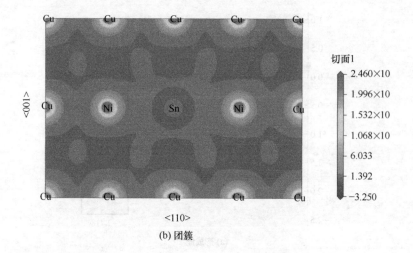

(b) 团簇

图2-12 Cu₁₉Ni₁₂Sn固溶体<110>面的电荷密度

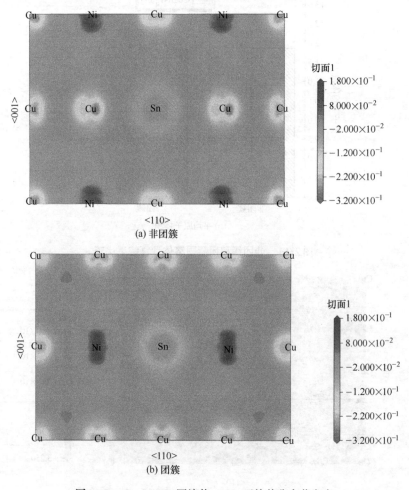

(a) 非团簇

(b) 团簇

图2-13 Cu₁₉Ni₁₂Sn固溶体<110>面的差分电荷密度

$Cu_{19}Ni_{12}Sn$固溶体非团簇和团簇结构<110>面的电荷密度与差分电荷密度分布分别如图2-12和图2-13所示。团簇结构固溶体中Ni与Sn成键后的电子云密度稍高于Cu与Sn成键后的电子云密度，说明Ni和Sn的成键能力更强，从而使得Ni向Sn原子周围的团簇降低形成能和体积。

2.5　本章小结

本章结合采用虚晶近似法（VCA）与超胞法（SC），通过第一性原理计算了不同成分的Cu-Ni-Sn固溶体的晶格常数、形成能与调幅分离能，并比较了同成分的固溶体在不同溶质原子分布状态下的形成能与体积，结果表明：

① 当含Ni量从0至20%时，Sn的调幅分离能随着Ni含量的增加而升高，其中含20% Ni和12.5% Sn的Cu-Ni-Sn固溶体具有最强的调幅分解趋势，其最大调幅分离能为16.5kJ/mol。当合金Ni含量≥25%（原子百分数）时，固溶体的形成能和Sn的调幅分离能都急剧降低，不同含Sn量的固溶体都能稳定存在，不会发生调幅分解。Sn的调幅分解不受体积变化的影响，调幅过程中的体积应变小。

② Cu-Ni-Sn固溶体中同时存在Ni的调幅分解，而且Ni的调幅分解趋势比Sn的调幅分解趋势更强，但Ni在调幅过程中，因固溶体体积增大而受较大的体积应变抑制。

③ 通过对$Cu_{19}Ni_{12}Sn$和$Cu_{24}Ni_6Sn_2$两种固溶体在不同溶质原子分布状态下的结构优化和形成能计算可知：Ni原子在Cu-Ni-Sn固溶体中并不是均匀无序分布，而是可能存在团簇，即Ni原子趋向分布于Sn原子周围并与之成键，这样会使得固溶体的原子排列更致密，总能量更低。

第**3**章

Cu-Ni-Sn固溶体缺陷第一性原理计算

Cu-Ni-Sn固溶体的变形与时效都与晶体空位、位错等缺陷有关。本章重点计算了纯铜的空位形成能、铜的自扩散激活能和Sn原子在铜基中的体扩散激活能，计算和分析了位错与溶质原子的交互作用能，为后续该合金的动态应变时效机理机制分析确定理论基础[131]。

3.1 空位形成能的计算

空位是纯金属和固溶体中最简单和常见的一种缺陷，空位的形成对固溶体的物理性能与力学性能有很大影响。特别是Sn原子和Ni原子在Cu基中的固溶都是置换固溶，一般来说置换固溶体中溶质原子的扩散方式主要为晶内体扩散，扩散机制为空位扩散，所以纯铜的空位形成能大小是影响Sn和Ni等置换溶质原子在铜基中晶内扩散能力的重要因素。

3.1.1 空位模型的搭建

空位模型的创建可以直接在Cu晶格中去除一个原子形成，但考虑到实际晶体中空位浓度相当低，必须构建有足够原子数的超胞结构，同时要考虑计算效率。故本计算的Cu基体晶格采用2×2×2的超胞，总原子数为32，去除中心的一个原子形成总原子数为31的空位模型，如图3-1所示。

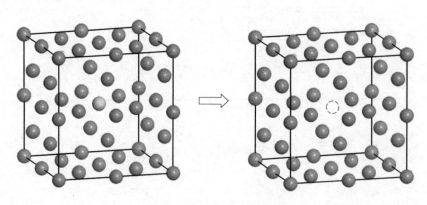

图3-1 Cu晶体的空位模型

3.1.2　空位形成能的计算结果与分析

通过Castep几何结构优化，计算得到弛豫后的空位模型总能量E_{total}^{vac}。则铜晶体中单个空位形成能E_f^{vac}则为[132]：

$$E_f^{vac} = \left[\left(E_{total}^{vac} + E_{total}^{Cu} \right) - E_{solo}^{Cu} \right] \tag{3-1}$$

式中，E_{total}^{vac}为空位模型的总能量；E_{total}^{Cu}为32个原子Cu基超胞结构的总能量；E_{solo}^{Cu}为单个Cu原子的能量。

计算结果为：E_{total}^{vac}=−45824.07eV，E_{total}^{Cu}=−47303.37eV，E_{solo}^{Cu}=−1478.23eV。所以空位形成能E_f^{vac}=1.07eV=103.24kJ/mol。文献[133]中纯铜的空位形成能实验值为1.7×10^{-19}J，乘以阿伏伽德罗常数N（6.023×10^{23}mol^{-1}）后为102.4kJ/mol。说明计算结果与实验值很吻合。

3.2　固溶体扩散激活能的计算

固态多晶体金属的扩散机制包括：表面扩散、晶界扩散、位错扩散和体扩散。对于均匀的置换固溶体来说，体扩散（空位扩散）是溶质原子最基本的扩散途径。因为自扩散实质就是空位在点阵中的迁移结果，Cu的自扩散激活能即为空位形成能与空位迁移能之和。Sn原子在Cu基中空位扩散机制下的扩散激活能则为空位形成能与Sn原子迁移能之和。空位迁移能和Sn迁移能即为空位和Sn原子的扩散势垒，可通过Castep软件的Linera Synchronous Transit和Quadratic Synchronous Transit（LST/QST方法）进行计算，计算原理如图3-2所示。即通过分别计算扩散前（反应物）和扩散后（产物）的体系能量，搜索到能量鞍点的过渡态，即能确定反应势垒（扩散垫垒）。

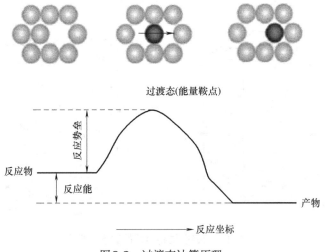

图3-2　过渡态计算原理

3.2.1 固溶体扩散模型的搭建

(1) 空位迁移能

首先通过MS建立两种相邻位置空位的31个原子模型,如图3-3所示,其中图3-3 (a) 为中心空位模型,图3-3 (b) 为相邻非中心空位模型。然后对两种空位模型进行结构优化,再以能量较高的为反应物,对能量较低的为生成物,利用Castep搜索过渡态并计算反应势垒。

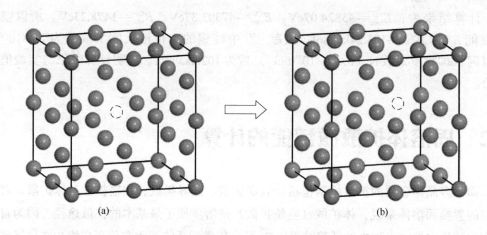

(a)   (b)

图3-3 相邻空位固溶体模型

(2) Sn原子迁移能

与空位迁移能计算模型相似,在MS中建立两种包含30个Cu原子、1个Sn原子和1个空位的模型体系,如图3-4所示。对两种相邻空位和溶质的固溶体模型进行结构优化,然后以能量较高的为反应物,对能量较低的为生成物,利用Castep计算其过渡态与反应势垒。

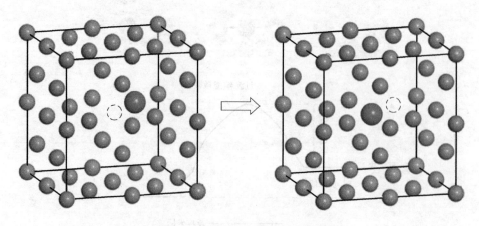

图3-4 相邻空位和溶质的固溶体模型

3.2.2　空位迁移能与Sn原子迁移能

（1）空位迁移能

对于图3-3的两种空位模型，通过几何优化后，图3-3（a）所示模型的总能量为–45824.07eV，图3-3（b）所示模型的总能量为–45823.94eV。以图3-3（b）所示模型为反应物、图3-3（a）所示模型为生成物，计算搜索过渡态，搜索路径能量曲线如图3-5所示。反应能为0.13eV，反应势垒为0.88eV（84.91kJ/mol），略小于文献[134]所报道的固态铜的空位迁移能（1.0eV）。这主要是因为第一性原理计算受到空位模型原子数目的限制，32个原子中设置一个空位比常温下实际Cu晶体的空位浓度要高，高的空位浓度下空位迁移更容易，从而导致计算的空位迁移能偏小。

根据前面计算所得到的空位形成能和空位迁移能，算得Cu自扩散激活能约为188.15kJ/mol，略小于实验值193~197 kJ/mol[135]。

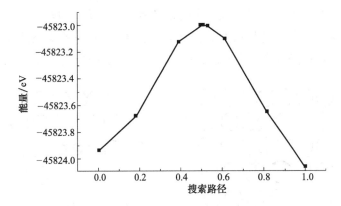

图3-5　空位迁移过渡态搜索路径与能量

（2）Sn原子迁移能

反应物模型总能量为–44441.49eV，生成物模型的总能量为–44441.52eV。搜索路径能

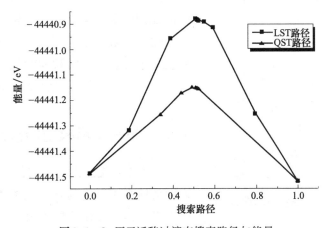

图3-6　Sn原子迁移过渡态搜索路径与能量

量曲线如图3-6所示，反应能为0.03eV，反应势垒为0.34eV（32.8kJ/mol）。所以，第一性原理计算所得到Sn原子在Cu基中的体扩散激活能为136.04kJ/mol。与文献[135]的实验值32kcal/mol（即133.95kJ/mol）比较吻合。

3.3　位错与溶质原子的交互作用

当晶体中存在位错时，位错线附近的原子偏离了正常位置引起晶格畸变，从而产生位错应力场。而置换式或间隙式溶质原子固溶到基体中时也会引形成固溶体晶格畸变，因而位错应力场将对溶质原子产生作用力，使晶体中的溶质原子形成特定的分布，以使体系达到最低的能量状态，这种由于位错改变溶质原子分布所引起的能量变化称为位错和溶质原子的交互作用能E。

Cu-Ni-Sn固溶体位错对溶质原子起主要作用力是刃型位错。一般来说，对于正刃型位错，下方原子受到拉应力，原子半径较大的置换型溶质原子与间隙原子位于位错滑移面下方（即晶格受拉区）可以降低位错的应变能；而小原子半径置换型溶质原子位于滑移面上方（晶格受压区）可以降低位错应变能，使体系处于较低的能量状态，如图3-7所示。

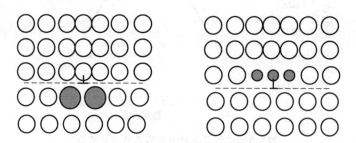

图3-7　溶质原子在位错处的择优分布

固溶后Cu-Ni-Sn合金在时效前一般要经过预冷变形，冷变形使固溶体形成大量的位错和空位，位错对溶质原子的分布及后续时效强化相的析出有着很大的影响。可以利用Material Studio建立含位错的模型，再通过Castep结构优化得到溶质原子不同分布状态的体系能量，能量最低状态与能量最高状态之间的能量差ΔE即能近似地表示为位错和溶质原子的交互作用能。

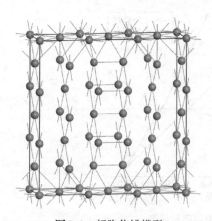

图3-8　超胞位错模型

3.3.1　超胞位错模型的搭建

计算需要建立固溶体的位错模型，原则上来说固溶体晶胞越大越好，但考虑到计算工作量，所以将计算的总原子数控制在30~50之间。首先以FCC-Cu晶胞搭建3×1×3的超胞，将2~6层原子面中间的5个原子去除，形成一对刃型位错，再将这些原子面的原子在X方向上进行等距离位置重排，得到的超胞位错模型如图3-8所示。

第一步分别计算Cu基体中位错对单个Sn溶质原子和单个Ni溶质原子的作用能，即分别用1个Sn或Ni溶质原子替换不同位置的Cu原子形成位错固溶体模型，八个典型的替换位置如图3-9所示。

通过Castep几何结构优化对这八种固溶体模型进行弛豫处理，从而得到溶质原子在不同分布状态下的体系总能量，根据能量最低原则确定溶质原子的最优分布位置，并以总能量最大值与最小值之差作为位错和溶质原子的交互作用能。可以预测，因为Ni与Cu的原子半径与电子性质相近，位错对Ni原子的作用能应该远小于Sn原子的作用能。

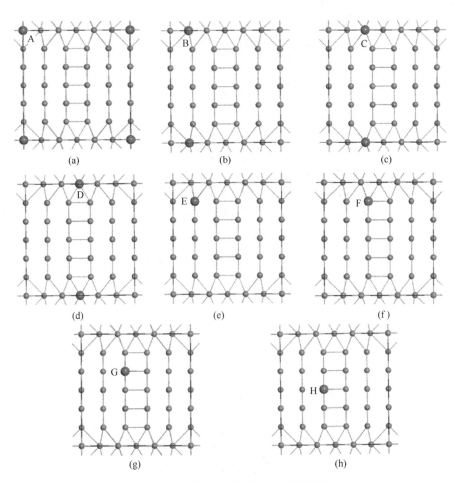

图3-9　溶质原子替换的八个典型位置

第二步计算和分析固溶体中Ni含量对于位错与单个Sn溶质原子相互作用能的影响。即将图3-8中的基体Cu原子用一定Ni含量的（Cu，Ni）虚晶原子代换，经弛豫处理后分析择优位置和最大能量差的变化。

模型的结构几何优化采用基于密度泛函理论的平面波超软赝势Castep程序的BFGS算法，计算时交换关联能采用广义梯度近似（GGA）下的PW91。对于32个原子的超胞晶格，平面波截断能量E_{cut}设置为440 eV，K点的网格划分均为2×7×2。结构优化时自洽收敛条件是最后两个循环能量之差小于$5×10^{-6}$eV/atom，作用在每个原子上的力低于0.01eV/Å，应力偏差不大于0.02GPa，最大位移偏差不超过$5×10^{-4}$ Å。

3.3.2 位错对固溶体溶质原子分布的影响

（1）位错对单个Sn原子的作用

单个Sn原子在不同位置分布的固溶体经结构几何优化后的总能量如图3-10所示。

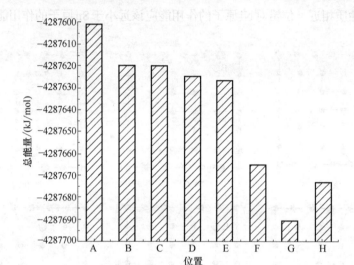

图3-10 单个Sn原子不同位置固溶体的总能量

体系总能量排序为：A>B>C>D>E>F>H>G，最大能量差$\Delta E_{max}=E_A-E_G≈89.83$kJ/mol。由

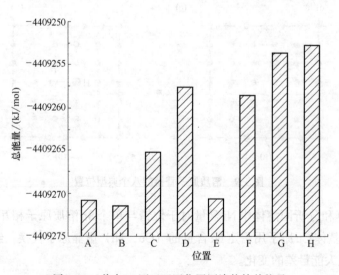

图3-11 单个Ni原子不同位置固溶体的总能量

此判断Sn原子择优分布在刃型位错正下方的F、G、H等位置，离位错较远的Sn原子在能量差作用下向位错正下方偏聚。

（2）位错对单个Ni原子的作用

单个Ni原子在不同位置分布的固溶体经结构几何优化后的总能量如图3-11所示。体系总能量排序为：H>G>D>F>C>E>A>B，最大能量差$\Delta E_{max} = E_H - E_B \approx 18.87 kJ/mol$。说明在离正刃型位错较远的位置（A、B、E）反而具有相对稍低的能量，且最大能量差相对较小。

由此判断Ni原子的择优分布取向并不明显，Ni原子难以在位错处形成偏聚。这主要是因为Ni的原子半径（1.378Å）和Cu的原子半径（1.412Å）很接近，两者能形成无限固溶，所以Ni原子固溶到Cu基中引起的晶格畸变小，应力场难以驱动Ni原子偏聚。

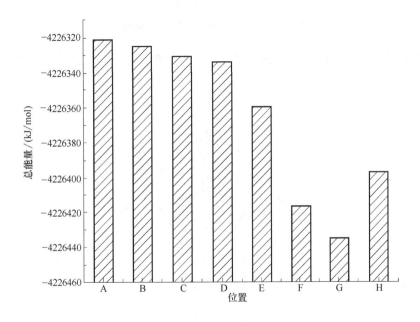

图3-12　单个Sn原子在不同位置的含10%Ni固溶体总能量

（3）Ni含量对Sn原子作用能的影响

因为位错对Ni原子的作用能低，Ni原子趋向于随机分布，故可将基体Cu原子设置为一定比例Ni含量的（Cu，Ni）虚晶原子，再计算Sn原子在位错作用下的择优取向分布及最大能量差。当基体（Cu，Ni）虚晶原子的Ni含量为10%（原子百分数）时，单个Sn原子在不同位置分布的固溶体经结构几何优化后的总能量如图3-12所示，体系总能量随着Sn原子替换位置的变化趋势与图3-10相似，说明Sn原子的择优取向分布与在纯铜中相近。最大能量差$\Delta E_{max} = E_A - E_G \approx 113.55 kJ/mol$，说明在含Ni 10%的固溶体中，位错对Sn原子的作用力更大。

随后分别计算得到固溶体基体（Cu-Ni）虚晶原子为不同Ni含量时位错对单个Sn原子在不同位置的最大能量差，其变化趋势如图3-13所示。

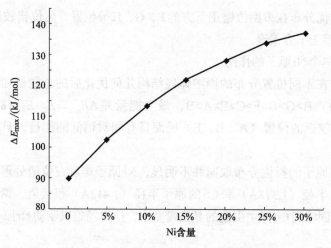

图3-13 最大能量差与基体Ni含量的关系

由图3-13可知，随着Ni含量的增高，最大能量差ΔE_{max}也随之增大，但增大的趋势逐渐趋向于平缓。

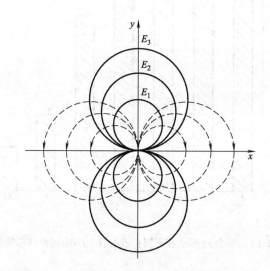

图3-14 刃型位错和溶质原子的交互作用能[119]

（4）传统理论计算方法验证与对比

根据材料弹性力学，在位错应力场下，溶质原子与位错的交互作用能[119]：

$$E = P \cdot \Delta V \tag{3-1}$$

式中，P为静压力；ΔV为置换溶质原子的体积膨胀。

$$P = \frac{1+\nu}{3\pi(1-\nu)} \cdot \frac{Gb\sin\theta}{r} \tag{3-2}$$

$$\Delta V = \frac{4}{3}\pi r_a^3\left[(1+\delta)^3 - 1\right] \approx 4\pi\delta r_a^3 \tag{3-3}$$

式中，ν为泊松比；G为剪切模量；b为位错柏氏矢量；δ为溶质原子错配度；$\delta =$

$(r_a' - r_a)/r_a$；r_a' 和 r_a 分别为溶质和溶剂原子半径。

根据以上计算式可以作出刃型位错附近等能面的分布，如图3-14所示。当溶质原子位于刃型位错正上方时（$\theta = \pi/2, \sin\theta = 1$），位错与溶质原子交互作用能取最大值。

查得Cu基体的泊松比和剪切模量等力学性能参数，再分别将Sn和Ni的原子半径分别代入式（3-1）至式（3-3）中，计算得到刃型位错对Sn原子和Ni原子的最大作用能分别为94.3kJ/mol和21.8kJ/mol，与前面第一性原理计算结果基本吻合。

3.4 本章小结

本章通过第一性原理计算了纯铜的空位形成能、Cu的自扩散激活能和Sn原子在Cu基中的体扩散激活能，Cu-Ni-Sn固溶体中刃型位错对溶质原子的交互作用能，计算结果表明：

① 通过对比空位形成前后的超晶胞能量差计算得到纯铜的空位形成能为103.24kJ/mol，通过过渡态搜索分别计算得到Cu的自扩散激活能为188.15kJ/mol，Sn原子在Cu固溶体中的扩散激活能为136.04kJ/mol，所有计算结果与文献实验值基本吻合。

② Cu基固溶体中的刃位错对Sn原子的作用力很强，离位错较远的Sn原子在应力场作用下向位错偏聚，择优分布在刃位错的正下方位置。Cu基中刃位错对单个Sn原子的作用能约为89.83kJ/mol。位错对Sn原子的作用能会随着基体中Ni含量的升高而增大。

③ Cu基固溶体中的刃位错对Ni原子的作用力较弱，对单个Ni原子的作用能约为18.87 kJ/mol，Ni原子在位错作用下的择优分布不明显。

第4章

(Cu,Ni)₃Sn析出相第一性原理计算

在本章中，利用Materials Studio搭建了各种成分和不同结构的Cu-Ni-Sn合金析出相（Cu，Ni）₃Sn的晶体模型，然后运用Castep软件包对这些晶体模型进行了结构优化和其它性能的计算，得到了不同成分和结构（Cu，Ni）₃Sn相的晶格常数、热力学稳定性及力学性能等[136]。

4.1 （Cu，Ni）₃Sn相的结构类型

在不同条件下，Cu-Ni-Sn合金中的（Cu，Ni）₃Sn有序相可能形成$D0_{22}$(tI8)、$L1_2$（cP4）、$D0_3$（cF16）、$D0_a$（oP8）和$D0_{19}$（hP8）五种不同结构[137-139]，如图4-1所示。其中Cu_3Sn和Ni_3Sn的平衡相分别是$D0_a$和$D0_{19}$，但由于这两种相结构与FCC的铜基体存在较大的结构差异，而时效析出属于固态相变，原子在时效过程中难以获得足够的扩散能力克服

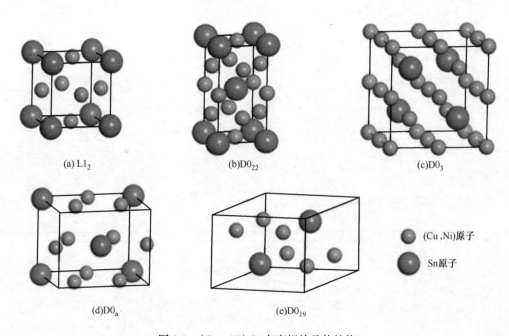

(a) $L1_2$ (b)$D0_{22}$ (c)$D0_3$

(d)$D0_a$ (e)$D0_{19}$

(Cu ,Ni)原子

Sn原子

图4-1 （Cu，Ni）₃Sn有序相的晶体结构

这种结构差异，所以 Cu-Ni-Sn 的时效析出以与铜基体结构与晶格常数相近的 $D0_{22}$、$L1_2$ 及 $D0_3$ 三种有序相为主。

4.2　合金相超胞结构设计及计算方法

4.2.1　超胞成分及结构设计

由于（Cu_xNi_{1-x}）$_3$Sn 中的 x 是一个变量，Ni 含量和 Ni 原子的占位都不确定，因此在这本章中使用两种不同的计算方法，以对计算结果进行对比验证。

第一种方法是超胞法（SC）。对于某一组分，先计算 Ni 原子取代各不同位置的 Cu 原子的所有模型的总能量，并将总能量最低的模型确定为最稳定的结构，并进行后续进一步的计算。各种成分的（Cu_xNi_{1-x}）$_3$Sn 相所确定的最稳定超胞结构如表4-1所示。为了简化 SC

▫ 表4-1　各相所确定的超胞结构（x =5/6，2/3，1/2，1/3，1/6）

x	L1$_2$	D0$_{22}$	D0$_3$	D0$_a$	D0$_{19}$
5/6					
2/3					
1/2					
1/3					
1/6					

结构和节省计算时间，将 x 值设为 1，5/6，2/3，1/2，1/3，1/6 和 0，分别对应 Cu_3Sn、$Cu_{2.5}Ni_{0.5}Sn$、Cu_2NiSn、$Cu_{1.5}Ni_{1.5}Sn$、$CuNi_2Sn$、$Cu_{0.5}Ni_{2.5}Sn$ 和 Ni_3Sn。

第二种方法是虚拟晶体近似法（VCA）。由于 Ni 和 Cu 的原子半径和电子结构相似，所以将 $(Cu_xNi_{1-x})_3Sn$ 中的 (Cu_xNi_{1-x}) 设置成由 xCu 和 $(1-x)$ Ni 组成的虚晶原子。在超胞法中，x 值分别设定为 1、5/6、2/3、1/2、1/3、1/6 和 0，所以虚晶原子的 Ni 含量（at%）对应地设置为 0、16.667%、33.333%、50%、66.667%、83.333% 和 100%。

4.2.2 计算参数设置

计算采用 MS 软件包的 Castep 程序，计算时交换关联能采用广义梯度近似（GGA）下的 PW91。所有模型的结构几何优化基于倒易空间的超软件赝势进行计算，平面波截断能 E_{cut} 选取 440 eV，自洽收敛条件设置为：总能量小于 $5×10^{-6}$eV/atom，作用于每个原子上的力不大于 0.01eV/Å，公差偏移小于 $5×10^{-4}$Å，应力偏差不大于 0.02GPa。SCF 收敛精度设置为 $5×10^{-7}$eV/atom。布里渊区 K 点网格划分：$L1_2$ 为 8×8×8、$D0_{22}$ 为 7×7×3、$D0_3$ 为 4×4×4、$D0_a$ 为 5×6×5，$D0_{19}$ 为 5×5×6。所有超胞的声子计算都是基于"有限位移法"，截断半径为 5Å，声子色散分离设置为 0.0151/Å。

4.3 合金相结构计算结果与分析

4.3.1 晶体常数的比较

不同成分与结构的 $(Cu_xNi_{1-x})_3Sn$ 经 Castep 结构优化后计算所得的平衡态晶体常数及平均原子体积如表4-2所列。

▣ 表4-2 不同结构平衡态晶体常数的计算结果

x	成分与结构	计算方法	晶格常数/Å		平均原子体积/Å³
			本书计算值	参考实验值	
1	$Cu_3Sn\_L1_2$	SC	a=3.889	—	14.705
	$Cu_3Sn\_D0_{22}$	SC	a=3.905 c=7.698	—	14.673
	$Cu_3Sn\_D0_3$	SC	a=6.177	$6.117^{[140]}$ a=5.618 b=4.367 c=4.835$^{[141]}$	14.730
	$Cu_3Sn\_D0_a$	SC	a=5.535 b=4.324 c=4.899	a=5.529 b=4.323 c=4.775$^{[142]}$ a=5.49 b=4.32 c=4.74$^{[143]}$	14.690
	$Cu_3Sn\_D0_{19}$	SC	a=5.610 c=4.312	—	14.674
5/6	$Cu_{2.5}Ni_{0.5}Sn\_L1_2$	VCA	a=3.887	—	14.167
		SC	a=3.810 c=3.963		14.382
	$Cu_{2.5}Ni_{0.5}Sn\_D0_{22}$	VCA	a=3.859 c=7.611		14.168

x	成分与结构	计算方法	晶格常数/Å		平均原子体积/Å³
			本书计算值	参考实验值	
5/6	$Cu_{2.5}Ni_{0.5}Sn\_D0_{22}$	SC	$a=3.822\ c=7.863$	—	14.358
	$Cu_{2.5}Ni_{0.5}Sn\_D0_3$	VCA	$a=6.108$	—	14.242
		SC	$a=6.130$	—	14.397
	$Cu_{2.5}Ni_{0.5}Sn\_D0_a$	VCA	$a=5.511\ b=4.296\ c=4.812$	—	14.241
		SC	$a=5.514\ b=4.305\ c=4.846$	—	14.379
	$Cu_{2.5}Ni_{0.5}Sn\_D0_{19}$	VCA	$a=5.551\ c=4.272$	—	14.250
		SC	$a=5.569\ c=4.281$	—	14.372
2/3	$Cu_2NiSn\_L1_2$	VCA	$a=3.812$	—	13.848
		SC	$a=3.769\ c=3.947$	—	14.113
	$Cu_2NiSn\_D0_{22}$	VCA	$a=3.855\ c=7.444$	—	13.828
		SC	$a=3.905\ c=7.391$	—	14.088
	$Cu_2NiSn\_D0_3$	VCA	$a=6.051$	$a=5.984$[144]	13.847
		SC	$a=6.086$	—	14.089
	$Cu_2NiSn\_D0_a$	VCA	$a=5.382\ b=4.343\ c=4.757$	—	13.899
		SC	$a=5.529\ b=4.339\ c=4.690$	—	14.064
	$Cu_2NiSn\_D0_{19}$	VCA	$a=5.454\ c=4.319$	—	13.907
		SC	$a=5.495\ c=4.321$	—	14.124
1/2	$Cu_{1.5}Ni_{1.5}Sn\_L1_2$	VCA	$a=3.790$	—	13.610
		SC	$a=3.801\ c=3.838$	—	13.862
	$Cu_{1.5}Ni_{1.5}Sn\_D0_{22}$	VCA	$a=3.851\ c=7.342$	—	13.610
		SC	$a=3.919\ b=3.967\ c=7.129$	—	13.854
	$Cu_{1.5}Ni_{1.5}Sn\_D0_3$	VCA	$a=6.017$	—	13.615
		SC	$a=6.056$	—	13.882
	$Cu_{1.5}Ni_{1.5}Sn\_D0_a$	VCA	$a=5.398\ b=4.328\ c=4.676$	—	13.656
		SC	$a=5.521\ b=4.349\ c=4.613$	—	13.845
	$Cu_{1.5}Ni_{1.5}Sn\_D0_{19}$	VCA	$a=5.398\ c=4.321$	—	13.629
		SC	$a=5.448\ c=4.315$	—	13.864
1/3	$CuNi_2Sn\_L1_2$	VCA	$a=3.774$	—	13.438
		SC	$a=3.842\ c=3.695$	—	13.637
	$CuNi_2Sn\_D0_{22}$	VCA	$a=3.818\ c=7.374$	—	13.444
		SC	$a=3.884\ c=7.225$	—	13.624
	$CuNi_2Sn\_D0_3$	VCA	$a=5.996$	—	13.473
		SC	$a=6.025$	$a=5.934$[142]	13.669
	$CuNi_2Sn\_D0_a$	VCA	$a=5.398\ b=4.313\ c=4.625$	—	13.460
		SC	$a=5.485\ b=4.361\ c=4.551$	—	13.608
	$CuNi_2Sn\_D0_{19}$	VCA	$a=5.382\ c=4.286$	—	13.439
		SC	$a=5.386\ c=4.325$	—	13.584
1/6	$Cu_{0.5}Ni_{2.5}Sn\_L1_2$	VCA	$a=3.762$	—	13.311
		SC	$a=3.804\ c=3.718$	—	13.450
	$Cu_{0.5}Ni_{2.5}Sn\_D0_{22}$	VCA	$a=3.808\ c=7.355$	$a=3.77\ c=7.24$[145]	13.332

x	成分与结构	计算方法	晶格常数/Å		平均原子体积/Å³
			本书计算值	参考实验值	
1/6	$Cu_{0.5}Ni_{2.5}Sn\_D0_{22}$	SC	a=3.856 c=7.235	—	13.454
	$Cu_{0.5}Ni_{2.5}Sn\_D0_3$	VCA	a=5.980	—	13.365
		SC	a=6.000	—	13.500
	$Cu_{0.5}Ni_{2.5}Sn\_D0_a$	VCA	a=5.359 b=4.300 c=4.621	a=5.493 b=4.30 c=4.513[142]	13.311
		SC	a=5.424 b=4.311 c=4.594	a=5.380 b=4.285 c=4.495[146]	13.428
	$Cu_{0.5}Ni_{2.5}Sn\_D0_{19}$	VCA	a=5.353 c=4.285	—	13.291
		SC	a=5.364 c=4.294	—	13.374
0	$Ni_3Sn\_L1_2$	SC	a=3.763	a=3.738[143]	13.321
	$Ni_3Sn\_D0_{22}$	SC	a=3.846 c=7.213	—	13.352
	$Ni_3Sn\_D0_3$	SC	a=5.984	a=5.982[142] a=5.980[143]	13.392
	$Ni_3Sn\_D0_a$	SC	a=5.377 b=4.288 c=4.629	—	13.341
	$Ni_3Sn\_D0_{19}$	SC	a=5.357 c=4.280	a=5.286 c=4.243[139] a=5.305 c=4.254[142] a=5.327 c=4.269[146]	13.296

从表4-2中可得知,计算所得晶体常数与实验参考值基本吻合,整体略大于实验值,这是因为广义梯度近似(GGA)方法计算的晶体常数结果通常比实际值略大[147],故可认为本书采用的计算方法科学合理。对于同一成分与结构的合金相,通过VCA方法计算的平均原子体积略小于SC方法计算的平均原子体积,这是因为VCA是对(Cu,Ni)原子做无序的混合原子处理,而SC中是将(Cu,Ni)原子进行了有序排列,无序的虚晶混合原子处理存在一定偏差。

对于不同结构的$(Cu_xNi_{1-x})_3Sn$相平均原子体积与x值的关系如图4-2所示。$(Cu_xNi_{1-x})_3Sn$相平均原子体积随着x值的减小而减小,因为x越小,Ni含量越高,而Ni的原子半径比Cu小。图中,所有结构$(Cu_xNi_{1-x})_3Sn$的平均原子半径都相对于Vegard定律呈负偏离,即平均原子半径小于Vegard定律的线性计算值。并且VCA的计算值负偏离更多。从微观上讲,若异类原子间的引力大于同类原子的引力,则由这两种原子形成的固溶体必定呈负偏离;反之则为正偏离[119]。如果是二元固溶体的话,则可以推断Cu原子和Ni原子之间的引力大于各自同类原子间的引力,Ni原子趋向于呈无序均匀分布,这结论显然与文献[128, 129]相矛盾。所以这里不能简单地用Vegard定律解释三元的$(Cu_xNi_{1-x})_3Sn$有序相,Cu与Ni混合导致$(Cu_xNi_{1-x})_3Sn$有序相体积变小,这是因为如第2章计算和分析,Cu-Ni-Sn固溶体中存在Ni原子和Sn原子的团簇,即Ni原子趋向分布于Sn原子周围并与之成键,这样会使得固溶体的原子排列更致密,总能量更低。所以Ni原子的加入,减小了$(Cu,Ni)_3Sn$有序相的畸变,提高了晶格致密度,从而导致晶体常数相对于Vegard定律呈负偏离。

五种不同结构的$(Cu_xNi_{1-x})_3Sn$相平均原子体积比较如图4-3所示。由图4-3(a)和图4-3(b)的比较可以看出,SC和VCA两种计算方法所得的结果大体一致。当成分值在$1 \geqslant x \geqslant 1/2$区间时,同$x$值的五种结构中平均原子体积最小的是$D0_{22}$,说明$D0_{22}$排列最为致密,它的晶格类型及晶格常数与铜基体最为接近，该结构有序相析出所引起的晶格畸变最小。当成分值在$1/3 \geqslant x \geqslant 0$区间时，$D0_{19}$相的平均原子体积最小，但其结构与FCC的基体相差巨大，无法在固态相变的时效过程中析出，事实上，$D0_{19}$相也只出现在Cu-Ni-Sn的平衡凝固相图中。

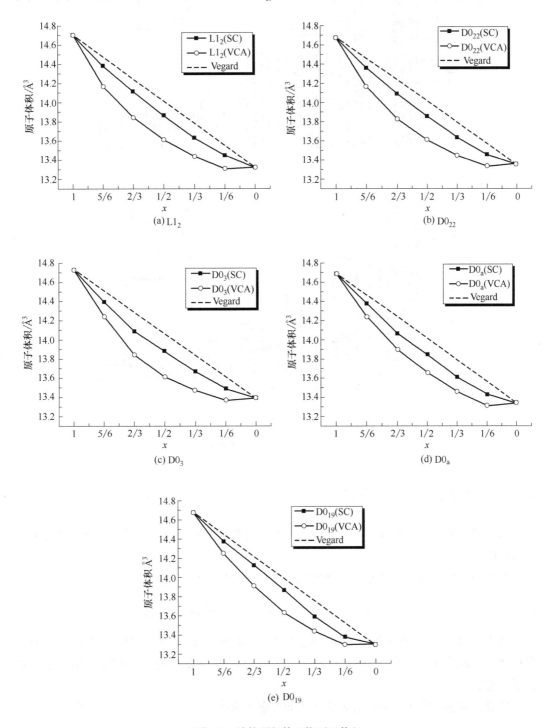

图4-2 计算所得的平均原子体积

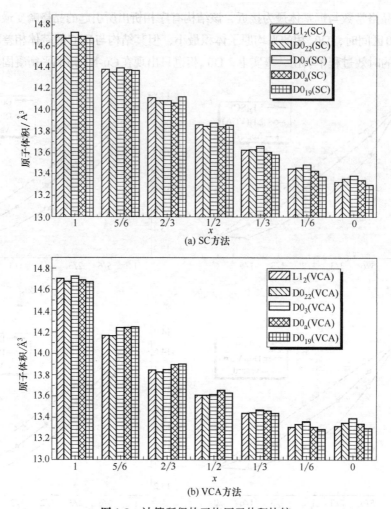

(a) SC方法

(b) VCA方法

图4-3 计算所得的平均原子体积比较

4.3.2 结构优化后形成能比较

为比较五种不同结构有序相的形成稳定性,对各有序相结构优化后的形成能进行了计算与比较。

对于Cu-Ni-Sn合金相的SC超胞结构,其形成能定义为[148]:

$$\Delta \bar{H} = \frac{1}{x+y+z}\left(E_{\text{tot}} - xE_{\text{solid}}^{\text{Cu}} - yE_{\text{solid}}^{\text{Ni}} - zE_{\text{solid}}^{\text{Sn}}\right) \tag{4-1}$$

式中,$\Delta \bar{H}$ 为单位原子的形成能;E_{tot} 为单个晶胞的总能量;$E_{\text{solid}}^{\text{Cu}}$ 为FCC纯铜晶体中每个Cu原子的能量;$E_{\text{solid}}^{\text{Ni}}$ 为FCC纯镍晶体中每个Ni原子的能量;$E_{\text{solid}}^{\text{Sn}}$ 为β-Sn晶体中每个Sn原子的能量。

所以,超胞结构（$\text{Cu}_x\text{Ni}_{1-x}$）$_3$Sn 的形成能可定义为:

$$\Delta \bar{H} = \frac{1}{4}\left[E_{\text{tot}} - 3xE_{\text{solid}}^{\text{Cu}} - 3(1-x)E_{\text{solid}}^{\text{Ni}} - E_{\text{solid}}^{\text{Sn}}\right] \tag{4-2}$$

对于Cu-Ni-Sn合金相的VCA虚晶结构，其形成能计算则不能用式（4-2）。因为在VCA虚晶结构中，（Cu，Ni）为虚拟混合原子，必须将（Cu，Ni）作为整体进行能量计算[149, 150]，式（4-2）中的xE_{solid}^{Cu}和（1−x）E_{solid}^{Ni}必须用VCA所计算的（Cu_xNi_{1-x}）的总能量所替代。

所以，虚晶结构的（Cu_xNi_{1-x}）₃Sn的形成能定义为：

$$\Delta \bar{H} = \frac{1}{4}\left(E_{tot} - 3E_{solid}^{Cu_xNi_{1-x}} - E_{solid}^{Sn} \right) \tag{4-3}$$

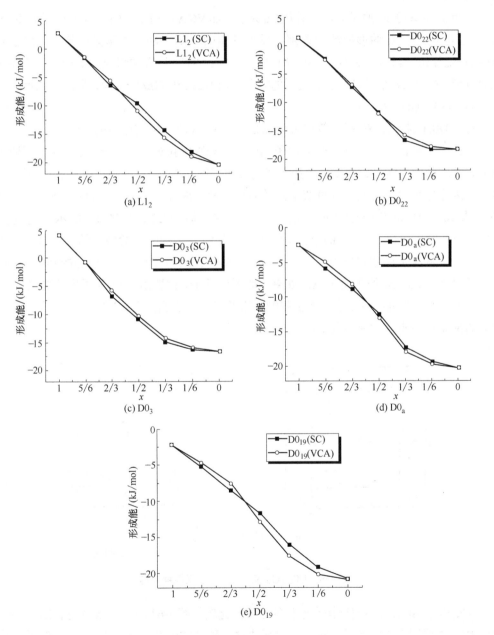

图4-4 （Cu_xNi_{1-x}）₃Sn形成能计算结果

式中，$E_{\mathrm{solid}}^{\mathrm{Cu}_x\mathrm{Ni}_{1-x}}$为VCA方法所计算得到的α-$\mathrm{Cu}_x\mathrm{Ni}_{1-x}$固溶体中每个混合（Cu，Ni）原子的能量。

通过SC和VCA方法所计算出的不同结构的（$\mathrm{Cu}_x\mathrm{Ni}_{1-x}$）$_3$Sn有序相的形成能如图4-4所示。

从图中可看出，SC和VCA两种方法计算所得的形成能结果接近，形成能随成分x的变化趋势也基本一致，各相的形成能都随x值的减小而降低，说明各相的形成稳定性都随着Ni含量的增加而提高。

因为SC是基于Ni原子有序地替代Cu原子，而VCA是基于（Cu，Ni）原子无序分布，所以SC与VCA计算的形成能的差别可反映各相的（Cu，Ni）原子排列趋势。对于$\mathrm{L1}_2$、$\mathrm{D0}_a$和$\mathrm{D0}_{19}$等相，当$1>x\geqslant2/3$时，SC计算的形成能比VCA计算的形成能更低，说明在这个成分范围，Cu和Ni原子趋向于有规则的排列；而$1/2\geqslant x>0$的成分范围，则刚好相反，分别如图4-4（a）、（d）、（e）所示。

对于$\mathrm{D0}_3$相来说，SC所计算的形成能整体比VCA所计算的形成能略低，如图4-4（c）所示。这说明在$\mathrm{D0}_3$相中，Cu和Ni原子趋向于有规则的排列。通过比较$\mathrm{D0}_3$相不同原子排列方式的超胞的总能量，发现一个原子择优分布规律：$\mathrm{D0}_3$结构的中心位置更容易被Cu所占据，因为这种原子排列方式可获得更低的总能量。例如，Cu_2NiSn较低能量的原子排列方式是$\mathrm{D0}_3$，而CuNi_2Sn较低能量的原子排列方式却是$\mathrm{L2}_1$，如图4-5所示。这与文献[151]所报道的（Ni，Cu）$_3$Sn同时具有$\mathrm{D0}_3$和$\mathrm{L2}_1$两种结构的实验观察结果吻合。出现这种情况可以从原子尺寸差异引起的晶格畸变来解释：因为在$\mathrm{D0}_3$中，中心的其中4个位置被原子尺寸最大的Sn原子所占据。如果中心另外的4个位置由与Sn原子尺寸更接近的Cu原子占据，原子排列将更紧凑，所引起的晶格畸变能也较低；而如果被与Sn原子尺寸差距更大的Ni原子占据，则所引起的晶格畸变能更高。

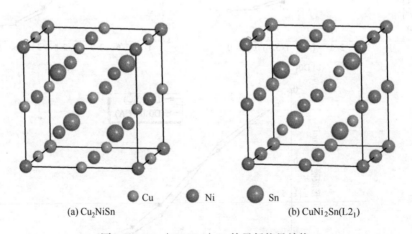

| Cu | Ni | Sn |

(a) Cu_2NiSn　　　　　　　　　　　(b) $\mathrm{CuNi}_2\mathrm{Sn}(\mathrm{L2}_1)$

图4-5　$\mathrm{D0}_3$-（$\mathrm{Cu}_x\mathrm{Ni}_{1-x}$）$_3$Sn的最低能量结构

（$\mathrm{Cu}_x\mathrm{Ni}_{1-x}$）$_3$Sn五种不同结构有序相的形成能比较如图4-6所示。当$x=1$时，$\mathrm{L1}_2$、$\mathrm{D0}_{22}$和$\mathrm{D0}_3$的形成能都为正值，说明Cu_3Sn很难形成这三种结构的有序相；而$\mathrm{D0}_a$和$\mathrm{D0}_{19}$的形成能为负值，且$\mathrm{D0}_a$的形成能最低，说明Cu_3Sn的稳定平衡相是$\mathrm{D0}_a$；当$x=0$时，$\mathrm{D0}_{19}$的形成能

最低，说明Ni₃Sn的稳定平衡相是D0₁₉，这个计算分析结果与文献［152］报道的实验结果一致。

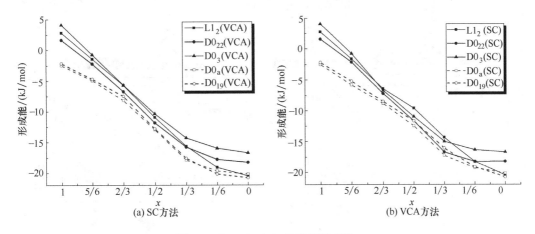

图4-6　(CuₓNi₁₋ₓ)₃Sn的计算形成能

正如前面所述，虽然D0ₐ和D0₁₉的形成能最低，形成相最稳定，但由于D0ₐ和D0₁₉的相结构与FCC结构的基体存在较大的结构差异，时效析出属于固态相变，原子在时效过程中难以获得足够的扩散能力克服这种结构差异，所以Cu-Ni-Sn的时效析出以与铜基体结构与晶格常数相近的D0₂₂、L1₂及D0₃三种有序相为主。对于D0₂₂、L1₂和D0₃来说，在5/6≥x≥0的成分范围内时，不管是SC方法还是VCA方法，它们的形成能都为负值，表示这三种有序相都能稳定生成。并且在1≥x≥1/3的成分范围内，D0₂₂的计算形成能为三者中的最低。在1/6≥x≥0的成分范围内时，L1₂的计算形成能为三者中的最低。而D0₃的形成能在所有成分范围内都比D0₂₂高，说明在0K温度下，所有成分的D0₂₂反而要比D0₃更稳定。在所有成分的D0₂₂、L1₂及D0₃中，L1₂-Ni₃Sn具有最低的形成能。

结合前一节所计算的晶体常数可知：在1≥x≥1/2的成分范围内，相较于L1₂和D0₃，D0₂₂不仅具有与基体更相近的晶格常数，也具有更低的形成能。所以在合金时效过程中，含Ni较低的D0₂₂-(CuₓNi₁₋ₓ)₃Sn有序相会最先从过饱和固溶体中析出。

因为Cu-Ni-Sn合金的实际时效温度一般在300~450℃，所以要确定D0₂₂、L1₂和D0₃这三种相在时效温度区间的稳定程度和析出序列，还需要通过热力学声子计算以获得它们的吉布斯自由能随温度变化曲线。

4.3.3　电子结构分析

因为VCA方法是基于(Cu,Ni)混合原子处理，该方法的应用必须保证Ni原子与Cu原子在Cu-Ni-Sn合金中具有类似的电子性质。所以，为了验证VCA方法的可行性，并且进一步分析(CuₓNi₁₋ₓ)₃Sn相的稳定性，本书计算了不同结构和成分的(CuₓNi₁₋ₓ)₃Sn的电子总态密度（TDOS）及分态密度（PDOS），如图4-7所示。

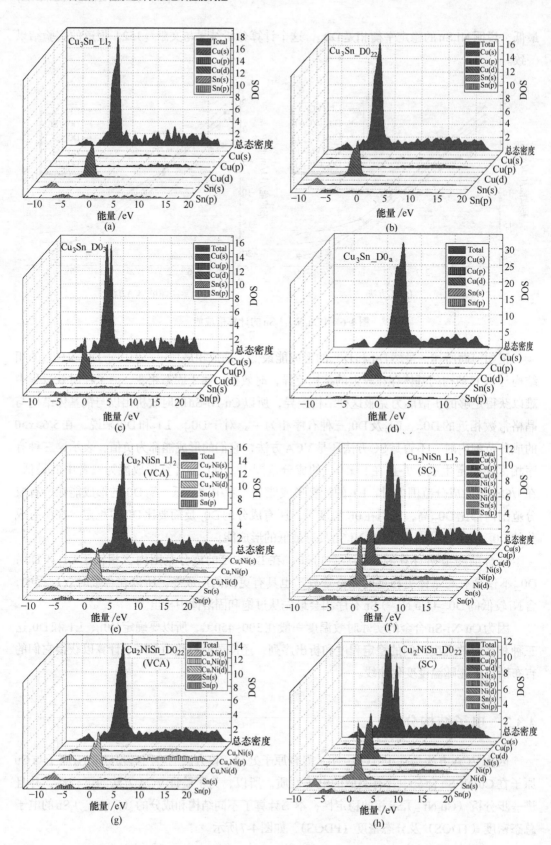

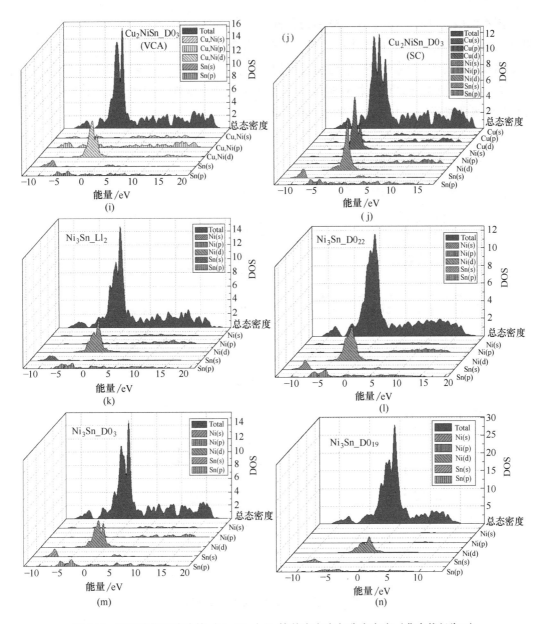

图4-7 不同结构和成分的 $(Cu_xNi_{1-x})_3Sn$ 的总态密度与分态密度（费米能级为0）

　　对于同一结构的 Cu_3Sn 和 Ni_3Sn，Cu和Ni的分态密度曲线的形状及峰值位置很相似，说明这两种原子在 $(Cu_xNi_{1-x})_3Sn$ 中具有相似的电子结构与性质。总态密度主要由Cu-d层电子（其分态密度峰约在$-4.8eV$至$-1.0eV$区间）和Ni-d层电子（其分态密度峰约在$-4.2eV$至$0eV$区间）组成。从图4-7（f）、（h）、（g）中可以看出，Cu-d态与Ni-d层电子表现出较强的杂化现象。通过比较图4-7（e）和图4-7（f）可以看出，在VCA下计算的TDOS的峰值比在SC下计算的TDOS的峰值更窄且更高，尽管它们的位置大致相同。可以解释为：在VCA计算中，混合的（Cu，Ni）原子的分态密度是Cu和Ni各自的分态密度的平均值。

图4-8（a）、（b）、（c）、（d）分别为各种结构的 Cu_3Sn、Cu_2NiSn、$CuNi_2Sn$ 和 Ni_3Sn 在费米能级处的总态密度。由图中可看出，所有结构和成分的 $(Cu_xNi_{1-x})_3Sn$ 在费米能级处的总态密度都大于零，说明所有结构和成分的 $(Cu_xNi_{1-x})_3Sn$ 都显示金属性质。在总态密度中，费米能级处电子数目的相对多少，能表征体系的稳定性。很明显，在各种结构中，$D0_{22}$ 的费米能级最高，电子结构性质最不稳定。

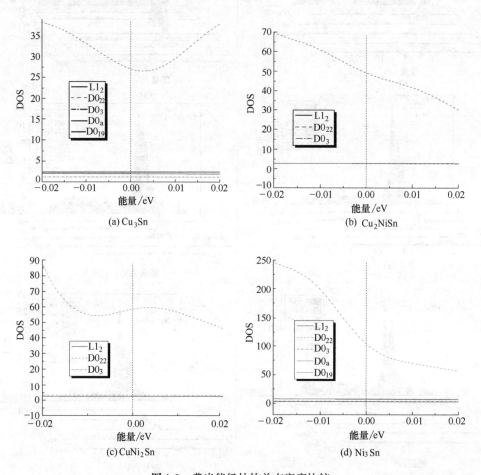

图4-8　费米能级处的总态密度比较

图4-9（a）、（b）、（c）分别为 $L1_2$、$D0_{22}$ 和 $D0_3$ 三种不同结构的 $Cu_3Sn<110>$ 面的总电荷密度分布。图4-10（a）、（b）、（c）分别为 $L1_2$、$D0_{22}$ 和 $D0_3$ 三种不同结构的 $Ni_3Sn<110>$ 面的总电荷密度分布。对于同结构的 Cu_3Sn 和 Ni_3Sn，其电荷密度分布状态大致相同，即 Cu_3Sn 和 Ni_3Sn 中的主要电子由 Cu 或 Ni 原子提供。

图4-11（a）、（b）、（c）分别为 $L1_2$、$D0_{22}$ 和 $D0_3$ 三种不同结构的 $Cu_3Sn<110>$ 面的差分电荷密度分布；图4-12（a）、（b）、（c）分别为 $L1_2$、$D0_{22}$ 和 $D0_3$ 三种不同结构的 $Ni_3Sn<110>$ 面的差分电荷密度分布。蓝色代表失电子区域，绿色代表中间态，红色代表得电子区域。相对于 Cu 原子而言，Ni 原子获取电子能力更强，与 Sn 原子形成方向性较强的共价键，所以各种结构 $(Cu，Ni)_3Sn$ 的稳定性都随着 Ni 含量的增加而提高。

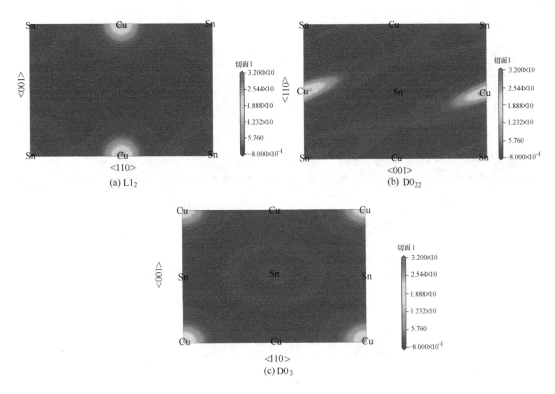

图4-9 不同结构Cu₃Sn<110>面的电子密度分布

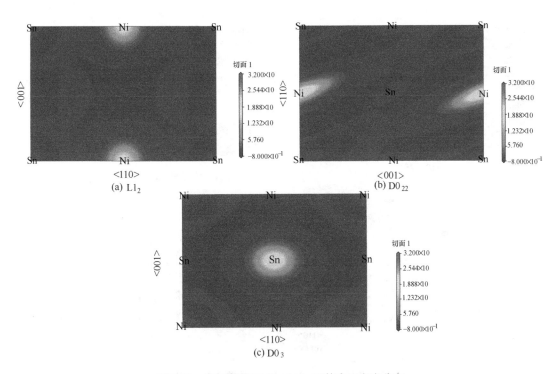

图4-10 不同结构Ni₃Sn<110>面的电子密度分布

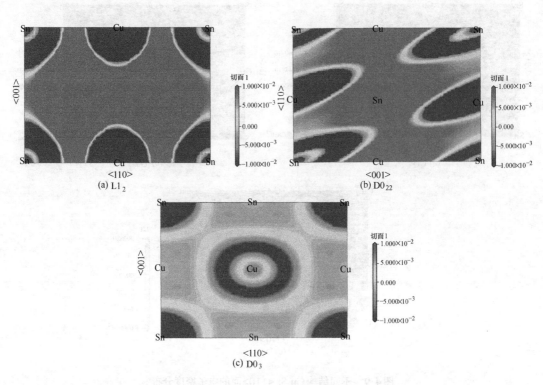

图4-11 不同结构Cu_3Sn<110>面的差分电子密度分布

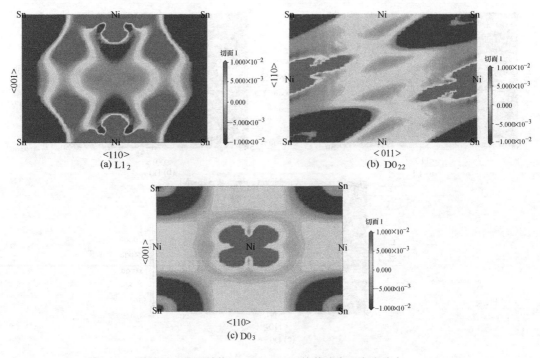

图4-12 不同结构Ni_3Sn<110>面的差分电子密度分布

4.3.4 弹性力学性能分析

一般来说，弹性常数与材料的力学行为密切相关，单晶结构的弹性常数在一定程度上能反映多晶材料的力学性质。对于立方晶体结构，其力学稳定性Born准则为[153]：

$$C_{11} > \left| C_{12} \right|, \quad C_{44} > 0, \quad C_{11} + 2C_{12} > 0 \tag{4-4}$$

对于四方晶体结构，其力学稳定性Born准则为[154]：

$$C_{11} > \left| C_{12} \right|, \quad C_{44} > 0, \quad C_{66} > 0, (C_{11} + C_{12}) C_{33} > 2C_{13}^2 \tag{4-5}$$

体积模量（B）是材料在弹性变形极限内抵抗外界均匀压缩的能力，由本身化学键的强度所决定；剪切模量（G）是材料在弹性变形极限范围内的剪切应力作用下，切应力与切应变的比值，表征材料对剪切应变的抵抗力；杨氏模量（E）是反映材料刚度和材料内部原子结合强弱，是体积模量（B）剪切模量（G）的综合物理量[155]。泊松比（v）是指材料在受均匀轴向应力时引起的横向应变与轴向应变的比值，反映材料在受力下的横向变形能力。以上这些力学性能指标对于确定材料的力学性质是非常重要的，可以通过Voigt Reuss Hill（VRH）近似方法计算[156]：

$$B = B_H = (B_V + B_R)/2 \qquad G = G_H = (G_V + G_R)/2$$
$$E = 9BG/(3B + G) \qquad v = (3B - 2G)/(3B + G) \tag{4-6}$$

通常，材料的塑性可以通过柯西压力值（$C_{12} \sim C_{44}$）来表示[157]。如果柯西压力（Cauchy pressure）为正值，则表示该材料具有较好塑性的金属特性，反之材料为脆性。Pugh比（G/B）也用来判定材料韧脆性，根据经验将临界值设为0.57，低于0.57并且值越小，材料的韧性越好[158]。泊松比（v）也可以用以表征材料的韧脆性，韧性材料的泊松比约为0.33，且泊松比越大，材料的韧性越好。

在表4-3中列出了（Cu$_x$Ni$_{1-x}$)₃Sn的力学性能计算结果。

⊡ 表4-3　（Cu$_x$Ni$_{1-x}$)₃Sn的力学性能计算结果

x	相类型	方法	C_{11}	C_{12}	C_{13}	C_{33}	C_{44}	C_{66}	B	G	E	G/B	v
1	L1₂	SC	207.2	91.3	—	—	56.4	—	129.9	57.0	149.2	0.44	0.31
	D0₂₂	SC	136.0	103.0	94.7	141.3	44.7	41.2	110.9	31.7	86.8	0.29	0.37
	D0₃	SC	182.7	121.0	—	—	79.4	—	141.5	54.4	144.7	0.38	0.33
5/6	L1₂	VCA	154.7	111.3	—	—	27.1	—	122.5	35.9	98.1	0.29	0.37
		SC	154.1	130.6	93.0	181.8	54.2	60.5	124.7	37.3	101.8	0.30	0.36
	D0₂₂	VCA	125.0	97.9	81.4	158.3	50.2	67.1	108.2	38.6	103.5	0.36	0.34
		SC	157.7	113.8	83.8	179.2	55.0	49.1	114.5	41.4	110.8	0.36	0.34
	D0₃	VCA	125.6	111.9	—	—	71.0	—	116.5	30.2	83.4	0.26	0.38
		SC	136.4	115.7	—	—	79.9	—	121.0	32.5	89.5	0.27	0.38
2/3	L1₂	VCA	120.6	107.1	—	—	64.8	—	118.3	41.9	112.4	0.35	0.34
		SC	146.0	98.5	120.7	182.4	66.2	46.8	121.6	45.1	120.4	0.37	0.33
	D0₂₂	VCA	158.7	74.9	102.3	134.2	61.6	60.1	113.3	43.2	115.0	0.38	0.33

x	相类型	方法	C_{11}	C_{12}	C_{13}	C_{33}	C_{44}	C_{66}	B	G	E	G/B	v
2/3	$D0_{22}$	SC	177.3	91.5	136.0	142.0	64.1	60.4	124.9	46.4	123.9	0.37	0.33
	$D0_3$	VCA	126.2	96.6	—	—	80.5	—	106.5	42.0	111.4	0.39	0.33
		SC	162.0	122.6	—	—	88.0	—	125.8	44.8	120.1	0.36	0.34
1/2	$L1_2$	VCA	161.3	93.3	—	—	60.8	—	122.3	46.7	124.3	0.38	0.33
		SC	177.9	112.3	109.6	184.4	68.4	63.8	134.7	49.3	131.8	0.37	0.34
	$D0_{22}$	VCA	158.9	68.7	96.3	129.8	67.0	37.3	107.8	41.5	110.3	0.38	0.33
		SC	186.6	125.9	123.6	179.0	63.8	59.7	134.2	46.4	124.8	0.35	0.34
	$D0_3$	VCA	93.9	142.3	—	—	78.0	—	126.1	−39.0	−130.4	−0.31	0.67
		SC	96.6	145.5	—	—	77.9	—	126.8	−37.1	−123.3	−0.29	0.66
1/3	$L1_2$	VCA	175.6	97.6	—	—	54.7	—	125.2	49.0	130.0	0.39	0.33
		SC	198.3	106.0	114.9	182.9	66.2	65.2	140.1	56.6	149.6	0.40	0.32
	$D0_{22}$	VCA	200.5	112.7	125.4	157.0	73.9	72.0	141.9	50.8	136.2	0.36	0.34
		SC	209.4	115.7	133.3	193.8	71.8	58.7	153.0	53.0	142.5	0.35	0.34
	$D0_3$	VCA	121.1	137.8	—	—	72.8	—	132.3	14.5	42.0	0.11	0.45
		SC	139.6	149.3	—	—	81.1	—	146.1	16.7	48.3	0.11	0.44
1/6	$L1_2$	VCA	215.2	111.7	—	—	72.8	—	149.6	64.6	169.4	0.43	0.31
		SC	217.9	122.1	118.7	242.5	74.4	81.3	155.1	66.0	173.4	0.43	0.31
	$D0_{22}$	VCA	193.9	115.0	130.2	169.1	77.6	67.7	145.2	55.4	147.4	0.38	0.33
		SC	220.2	108.7	133.2	211.0	76.1	66.3	155.6	59.9	159.3	0.38	0.33
	$D0_3$	VCA	144.7	152.6	—	—	98.2	—	150.0	23.5	67.0	0.16	0.43
		SC	148.5	153.2	—	—	91.1	—	158.3	27.4	77.7	0.17	0.42
0	$L1_2$	SC	232.9 227.0[a]	118.9 125.3[a]	—	—	92.6 95.6[a]	—	156.9 159.2[a]	76.2 74.2[a]	196.7	0.49	0.29
	$D0_{22}$	SC	240.7	121.7	140.5	209.0	91.3	72.2	166.1	66.3	175.5	0.40	0.32
	$D0_3$	SC	147.4 151.4[a]	163.7 169.7[a]	—	—	94.3 99.8[a]	—	158.3	17.7	51.2	0.11	0.45

注：标[a]为参考文献［159］的计算结果。

从表中可看出，所有成分的 $L1_2$ 相和 $D0_{22}$ 相的力学稳定性都满足 Born 准则，所以这两种结构的析出相是弹性稳定的。而 $x \leqslant 0.5$ 的 $D0_3$ 相不满足 Born 准则中的 $C_{11} > |C_{12}|$，所以是弹性不稳定的。因为所有的柯西压力都为正值，所有的 Pugh 比（G/B）都小于 0.57，由此判定所有成分的 $L1_2$、$D0_{22}$ 和 $D0_3$ 相都具有较好的韧性。

图4-13为三种有序相的杨氏模量（E）和泊松比（v）随 x 值的变化关系。随着 Ni 含量的增加，$L1_2$ 和 $D0_{22}$ 的杨氏模量增大，而泊松比减小，$D0_3$ 大致相反。即 $L1_2$ 和 $D0_{22}$ 的力学强度比 $D0_3$ 更高，但塑性要差。这与以往的实验结果完全吻合，当 Cu-Ni-Sn 合金的时效析出相主要为 $D0_{22}$ 和 $L1_2$ 时，材料强度和硬度达到峰值，而当过时效出现 $D0_3$ 相时，材料强度和硬度下降，塑性则提高。

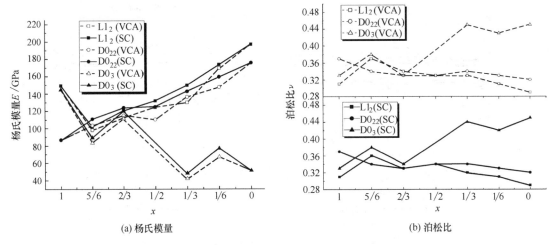

(a) 杨氏模量

(b) 泊松比

图4-13 不同结构相的力学性能

4.3.5 声子色散及热力学分析

为了分析 $(Cu_xNi_{1-x})_3Sn$ 的热力学性质，采用SC法计算声子色散。图4-14是L1₂、D0₂₂和D0₃结构的 $(Cu_xNi_{1-x})_3Sn$（x=1、2/3、1/3、0）声子色散曲线。图中这三种结构各种成分有序相的声子色散曲线都没有出现虚频，说明它们的热力学性质是稳定的。

图4-15为 $(Cu_xNi_{1-x})_3Sn$ 的热力学能量曲线。各成分和结构的 $(Cu_xNi_{1-x})_3Sn$ 在所有温度下，热熵总是比焓值高，从而导致自由能都随温度的升高而减小。然而，各相自由能的下降速率是不一样的。在 x=1~0 范围内，D0₃ 的自由能曲线在D0₂₂和L1₂自由能曲线下方，说明在常规时效的温度区间，D0₃ 相对于D0₂₂和L1₂更稳定，其中D0₃-Cu₂NiSn的自由能最低，如图4-15（b）所示。除 x=1 以外，同成分的L1₂的自由能都低于D0₂₂的自由能。这可以很好地解释图1-3的Cu-15Ni-8Sn合金的等温转变曲线中，D0₂₂会转变成L1₂，而且随着时效时间的延长，最终都转变成D0₃。

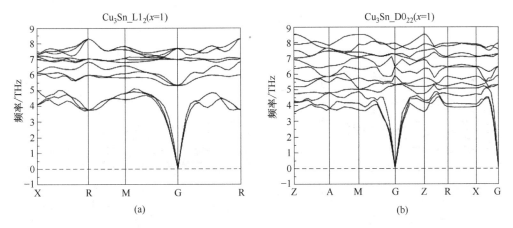

(a)

(b)

图4-14

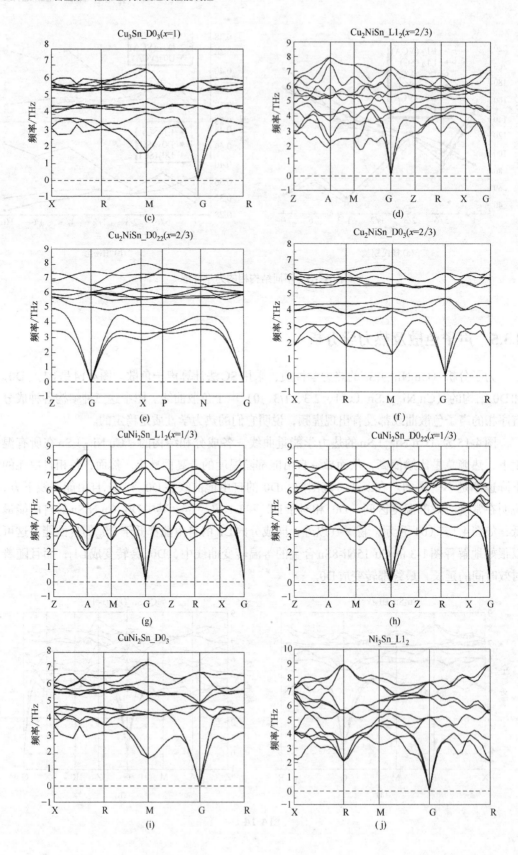

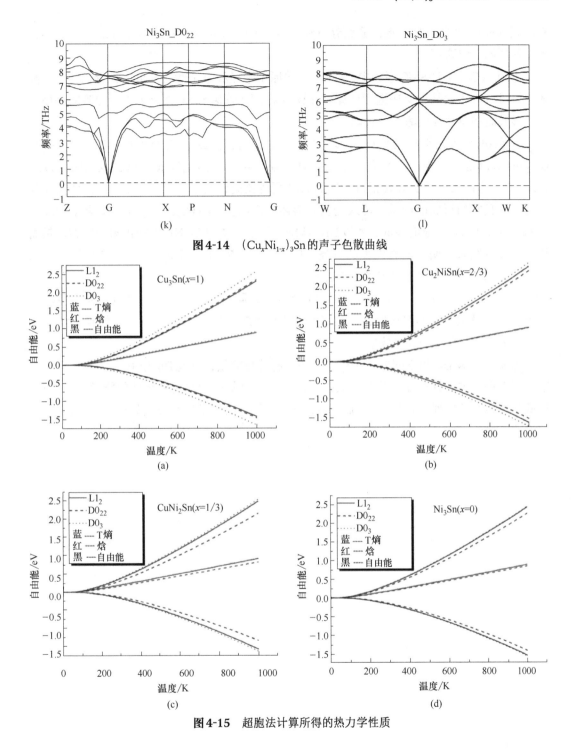

图4-14 (Cu$_x$Ni$_{1-x}$)$_3$Sn的声子色散曲线

图4-15 超胞法计算所得的热力学性质

4.4 本章小结

本章利用超胞法（SC）和虚晶近似法（VCA）计算了不同结构与成分的（Cu$_x$Ni$_{1-x}$)$_3$Sn

有序相的晶格常数、形成能，重点分析和比较了$L1_2$、$D0_{22}$及$D0_3$的力学性能及热力学性质，得到如下结论：

① 在（Cu，Ni）$_3$Sn有序相中，Cu和Ni的原子半径和电子性质都极为相近，为了提高效率，可以应用虚晶近似法进行计算。计算结果证明VCA和SC两种方法所得到的晶格常数、形成能和弹性常数基本一致。

② 在0K的理论平衡状态下，Cu_3Sn和Ni_3Sn的最稳定的结构分别为$D0_a$和$D0_{19}$。$D0_3$与$D0_{22}$和$L1_2$都是亚稳相，含Ni越高，稳定性越强。当（Cu_xNi_{1-x}）$_3$Sn中Ni含较低时（$1 \geqslant x \geqslant 1/2$），$D0_{22}$有序相的原子排列相对于$L1_2$和$D0_3$更为紧凑，其平均原子体积与固溶体基体最接近，并且它的形成能最低，能最先从固溶体中析出。当（Cu_xNi_{1-x}）$_3$Sn中Ni含量较高时（$1/6 \geqslant x \geqslant 0$），$L1_2$的形成能最低，所以$L1_2$-$Ni_3Sn$为面心立方（$Cu_xNi_{1-x}$）$_3$Sn的最稳定相。然而热力学计算结果表明，随着温度的升高，$D0_3$的自由能要低于$D0_{22}$和$L1_2$的自由能，所以$D0_{22}$和$L1_2$在时效过程中最终会变成$D0_3$。

③ 当（Cu_xNi_{1-x}）$_3$Sn含Ni量较高时（$1/2 \geqslant x \geqslant 0$），同成分的$L1_2$和$D0_{22}$比$D0_3$具有更高的杨氏弹性模量及更低的泊松比，说明富Ni的$L1_2$和$D0_{22}$有序相对位错移动时的阻力比$D0_3$有序相更大，对合金的强化效果更明显。

④ 通过比较$D0_3$相不同原子排列方式的超胞的总能量，发现$D0_3$相中心位置一般被Cu原子所占据，因为这种原子排列方式使得晶体具有更紧凑的结构和较低的能量。Cu_2NiSn较低能量的原子排列方式是$D0_3$，而$CuNi_2Sn$较低能量的原子排列方式却是$L2_1$，这与实验观察结果吻合。

第**5**章
Cu-15Ni-8Sn在时效温区下的压缩变形研究

通过前面章节对Cu-Ni-Sn合金固溶体及析出相的第一原理性计算，分析了固溶体的稳定性、溶质原子的扩散激活能、位错与溶质的交互作用、各有序相的成分与稳定性的关系，这些结论需要通过实验结果进行佐证。一般来说，为了充分提高其综合力学性能，固溶后的Cu-Ni-Sn合金在时效前一般要进行预冷变形，不仅能起到加工强化的效果，还能极大地加快时效强化进程，缩短时效时间[47]。以往大量的研究[75-79, 160]主要侧重于预冷变形对合金时效进程和时效性能的影响，没有进行过对合金同时进行变形与时效的相关实验研究。为了深入了解Cu-Ni-Sn合金变形强化与时效强化的机理，本章对Cu-Ni-Sn合金在常规时效温度区间（300~450℃）的变形和时效的交互行为进行了实验研究，测定和分析了合金在各种温度和变形速率条件下的应力-应变曲线，研究了合金试样变形时效前后的组织变化，分析了变形与时效的相互影响机理[161]。Cu-15Ni-8Sn（C72900）是Cu-Ni-Sn系合金中强度最高、应用最为广泛的代表性合金，合金元素质量分数为77% Cu、15% Ni和8% Sn，对应的原子数百分比约为78.9% Cu、16.7% Ni和4.4% Sn。故选取Cu-15Ni-8Sn为实验材料。

5.1　材料制备及其试样表征分析方法

5.1.1　材料制备

为了避免普通熔铸工艺容易出现的Sn成分偏析[162]，制得成分与组织均匀的合金材料，本实验研究的Cu-15Ni-8Sn采用粉末冶金法进行制备。具体工艺方法为：首先以电解纯铜板、纯镍板、纯锡锭为原料通过气雾法制成粒径小于150μm的粉末，合金质量分数配比为：Ni为14.85%，Sn为7.94%，O含量小于$2.9×10^{-10}$。将合金粉末装入$\phi140×220$mm的橡胶模中进行冷等静压，设定压力为200MPa，保压时间20min。合金锭坯随后在$1×10^{-3}$Pa的真空度下进行真空烧结成形，烧结温度为850℃，保温2h。然后将成形锭坯在830℃下进行6h的均匀化处理，测得其相对密度约为99.2%。再将锭坯车削至直径为124mm，以紫铜薄板焊接在锭坯表面进行包套，在830℃以30mm/s的速率进行热挤压，挤压比为9.5。

最后使用氢气管式炉对热挤压后的合金棒材进行固溶处理，固溶温度为850℃，升温速率约为9.5℃/min，保温时间为1h，然后进行水淬，得到均匀的过饱和α固溶体组织[163]。

5.1.2　试样表征分析方法

采用电火花线切割从合金棒材中心切取材料试样，并切割成ϕ10mm×15mm的圆柱体，通过Geeble1500热模拟实验机进行热压缩变形实验。试样两端垫上石墨片以减小变形时的端面摩擦，采用电阻丝加热，以2℃/s的升温速率分别加热到450℃、400℃、375℃、350℃和300℃等温度，经过1min的保温后分别以$1\times10^{-4}s^{-1}$、$1\times10^{-3}s^{-1}$、$1\times10^{-2}s^{-1}$、$1\times10^{-1}s^{-1}$、$1s^{-1}$的应变速率进行压缩，总变形量控制在50%左右，通过设备引伸计测得合金试样的压缩应力-应变曲线。变形后立即将试样放入水中冷却，以保持变形后的试样组织，然后通过光学显微镜和TEM进行试样组织观察与检测。

5.2　变形特点及组织分析

5.2.1　不同变形条件下的应力-应变曲线

（1）等温度下不同应变速率的应力-应变曲线分析

图5-1为合金试样在450℃温度下，分别以$1\times10^{-4}s^{-1}$、$1\times10^{-3}s^{-1}$、$1\times10^{-2}s^{-1}$、$1\times10^{-1}s^{-1}$和$1s^{-1}$的应变速率进行压缩变形的应力-应变曲线。图中应变速率小于$1\times10^{-1}s^{-1}$的应力-应变曲线上都没有出现明显的锯齿波，这是因为变形温度较高，溶质原子较充分地发生了调幅分

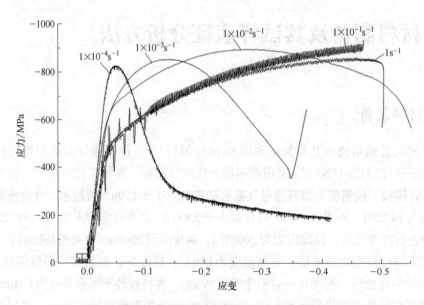

图5-1 450℃温度下的应力-应变曲线

解或以第二相形式时效析出，不利于溶质原子在刃位错处形成对可动位错滑移产生钉扎效应的柯氏气团，从而不发生动态应变时效。而且随着时间的延长，都出现了流变软化现象，这是因为在较高温度的变形后期，合金出现了动态回复和动态再结晶，从而导致应力值急剧下降。而当应变速率为$1\times10^{-1}s^{-1}$和$1s^{-1}$，出现了锯齿波，并且$1\times10^{-1}s^{-1}$速率下的应力值明显高于$1s^{-1}$速率下的应力值，流变应力随着应变速率的增加反而下降，即呈现负的应变速率敏感性系数。说明在450℃时，合金在应变速率为$1\times10^{-1}s^{-1}$和$1s^{-1}$下发生了DSA效应，其中$1\times10^{-1}s^{-1}$应变速率下的锯齿波幅更高，DSA效果更明显。

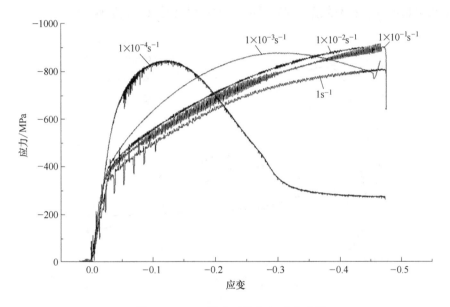

图5-2　400℃温度下的应力-应变曲线

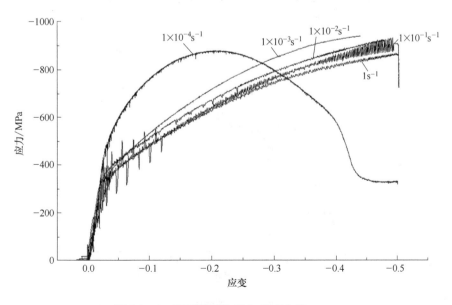

图5-3　375℃温度下的应力-应变曲线

图5-2和图5-3分别为合金试样在400℃和375℃温度下，以不同应变速率进行压缩变形的应力-应变曲线。在400℃和375℃温度下，出现锯齿波的应变速率范围分别为$1\times10^{-2}s^{-1}\sim$ $1s^{-1}$和$1\times10^{-3}s^{-1}\sim1s^{-1}$。在400℃时$1\times10^{-4}s^{-1}$和$1\times10^{-3}s^{-1}$应变速率下的应力-应变曲线上都出现了流变软化，其中在$1\times10^{-4}s^{-1}$应变速率下达到842 MPa峰值应力的时效时间为1586s（约26min），在$1\times10^{-3}s^{-1}$应变速率下达到873 MPa峰值应力的时效时间为670s（约11min）。

而经过50%变形量预冷变形的Cu-15Ni-8Sn合金达到时效峰值的时间约为1.2h，如图5-4所示[77]。这说明在时效温度区间内同时变形达到峰应力时效时间远小于常规预冷变形后的时效峰值时间，在时效温区的变形能极大地促进时效强化进程。

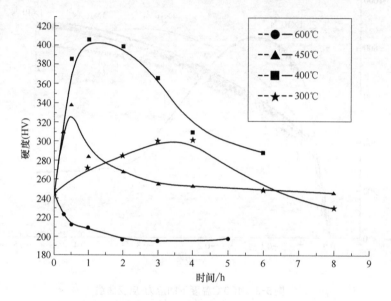

图5-4　Cu-15Ni-8Sn合金50%预变形后的时效硬化曲线[77]

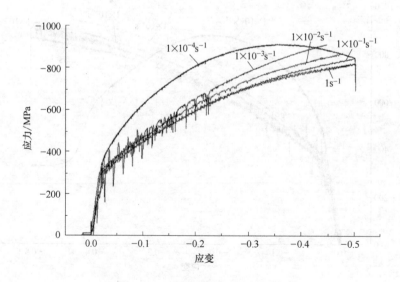

图5-5　350℃温度下的应力-应变曲线

图5-5为合金在350℃压缩变形的应力-应变曲线，图中1×10⁻³s⁻¹至1s⁻¹应变速率范围内的曲线上都不同程度地出现了锯齿波，而且应变速率越小，曲线上锯齿波越明显。同时也呈现出负的应变速率敏感性，即随着应变速率dlnε的下降，应力dσ反而增大。在1×10⁻³s⁻¹变形速率时，峰值应力达到914MPa，且呈现继续上升趋势。在1×10⁻³s⁻¹至1s⁻¹的应变速率范围内，各曲线的峰值应力随着应变速率的增大而降低。在1×10⁻⁴s⁻¹变形速率时，合金的流变应力在时效约50min时达到峰值906MPa，而后材料出现流变软化，应力值下降。

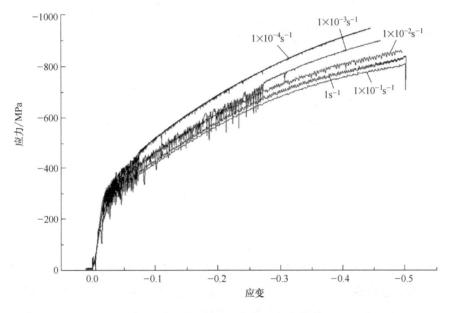

图5-6　300℃温度下的应力-应变曲线

图5-6为合金在300℃时各应变速率下的应力-应变曲线，当应变速率在1×10⁻⁴s⁻¹~1×10⁻¹s⁻¹范围时，曲线上出现锯齿波。应变速率越慢，锯齿越明显，而且应力上升越快，说明材料在较慢应变速率下的动态时效强化效果越明显，呈现出负的应变速率敏感性。所有曲线的应力持续上升，都没有在变形后期出现流变软化的现象，其中1×10⁻⁴s⁻¹应变速率的峰值应力为931MPa。相对于350℃而言，300℃下的各应力-应变曲线出现锯齿的应变量增大，即临界应变量增大，这说明在溶质原子没有形成第二相析出的情况下，温度升高能促进动态应变时效的发生。当应变速率增大到1×10⁻¹s⁻¹时，锯齿波变得不明显，而且1s⁻¹的应力-应变曲线反而比1×10⁻¹s⁻¹略高，开始出现正的应变速率敏感性，说明在1×10⁻¹s⁻¹~1s⁻¹的应变速率下没有出现DSA强化。

（2）等应变速率下不同温度的应力-应变曲线分析

图5-7为合金在1×10⁻⁴s⁻¹应变速率下压缩变形的应力-应变曲线。很明显，只有在温度较低（300℃）的变形前期才发生明显的PLC效应，其它温度下锯齿波动不明显并且都存在流变软化导致的应力下降现象。这说明在较高的温度下溶质原子扩散速率高，较快形成了成分偏聚区，这些区域因位错切割程度较轻，没有被有效破坏，能够直接发生调幅分解和时效析出，所以不发生DSA。而在300℃温度下的变形初期，溶质原子的扩散速率和位

错增殖速度都比较慢，溶质原子通过刃位错管道扩散速率高于体扩散速率的优势得到有效发挥，加之溶质原子向位错偏聚所形成的原子气团可以一定程度上降低体系自由能，有利于柯氏气团的形成与强化，位错的钉扎和脱钉现象显著[164, 165]，所以在变形初期形成了锯齿波动。而随着变形的继续进行，溶质原子逐渐形成第二相析出，PLC效应结束，应力-应变曲线平滑上升，其最大应力值明显高于其它温度下的应力-应变曲线的应力峰值。

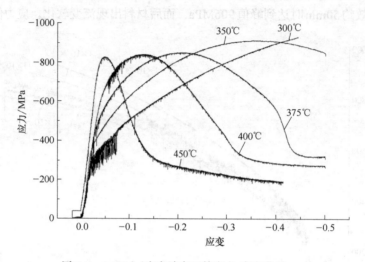

图5-7 1×10⁻⁴s⁻¹应变速率下的应力-应变曲线

图5-8为合金在1×10⁻³s⁻¹应变速率下压缩变形的应力-应变曲线。在400℃和450℃温度下无锯齿波动并且出现了流变软化，但在变形最后都出现了应力急剧上升的现象，应该是试验设备的问题。在350℃和300℃温度下有明显的C型锯齿波动，且温度越低，曲线上锯齿波动的时间越长，而在375℃温度下的应力-应变曲线既没有出现锯齿波动，也没有出现流变软化。

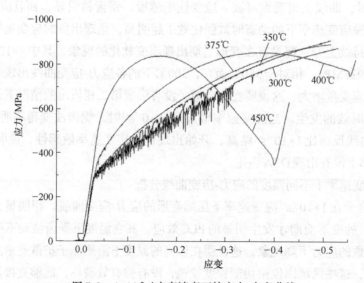

图5-8 1×10⁻³s⁻¹应变速率下的应力-应变曲线

图5-9为合金在$1×10^{-2}s^{-1}$应变速率下压缩变形的应力-应变曲线。除450℃之外，其它温度下的应力-应变曲线都出现了程度不一的锯齿波动，并且它们的应力曲线上升趋势完全一致，温度越高，整体的应力值越大。与$1×10^{-3}s^{-1}$应变速率比较，$1×10^{-2}s^{-1}$应变速率下各曲线上的锯齿高度更低，锯齿波动相对不明显。

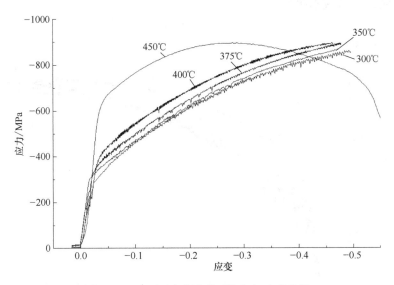

图5-9 $1×10^{-2}s^{-1}$应变速率下的应力-应变曲线

图5-10为合金在$1×10^{-1}s^{-1}$应变速率下压缩变形的应力-应变曲线。较低的温度（300℃和350℃）下的应力-应变曲线上锯齿波动不太明显；而较高的温度（375℃、400℃和450℃）下的应力-应变曲线出现了明显的B型锯齿波动。并且温度越高，应力-应变曲线越高，即在同应变量时的应力值越大。

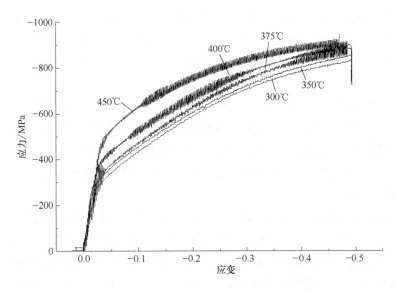

图5-10 $1×10^{-1}s^{-1}$应变速率下的应力-应变曲线

图5-11为合金在1s⁻¹应变速率下压缩变形的应力-应变曲线。所有温度的应力-应变曲线的初期都现出了上下幅度和频率较大的锯齿波动，之后波幅降低，趋向平缓。在300℃、350℃、375℃和400℃温度下，变形前期（应变量小于0.3），温度越高，应力值越大；变形后期（应变量大于0.3）则情况相反，但这四个温度下的应力-应变曲线的应力值整体相差较小，说明DSA效应不明显。

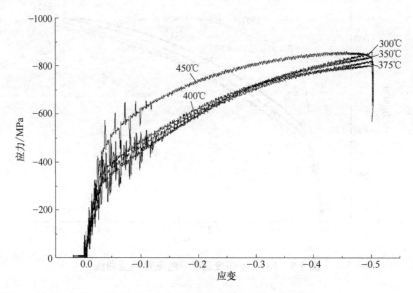

图5-11 1s⁻¹应变速率下的应力-应变曲线

5.2.2 不同变形条件下的合金显微组织

将各压缩变形试样分别在磨抛机上用600、1000、2000目水磨砂纸打磨，再使用0.5μm粒径金刚石研磨膏在绒布上进行抛光处理。使用FeCl₃：乙醇：蒸馏水=1：5：20的金相腐蚀液对抛光后的表面腐蚀5~10s以显现晶界。金相照片使用Leica DM4500P金相显微镜进行拍摄。

由前面一节可知：350℃下1×10⁻²s⁻¹应变速率、350℃下1×10⁻³s⁻¹应变速率、300℃下1×10⁻²s⁻¹应变速率以及300℃下1×10⁻³s⁻¹应变速率变形的应力-应变曲线上都出现了不同程度和类型的锯齿波，而且都未出现流化软化引起的应力曲线下降，这些试样的金相组织如图5-12所示。这几种状态下的试样晶粒明显变形，组织存在少量孪晶，并开始在晶内和晶界处出现少量沉淀物。

对于400℃下1×10⁻³s⁻¹应变速率和400℃下1×10⁻⁴s⁻¹应变速率的变形试样，因温度高而很快流变软化，应力-应变曲线上都出现应力下降。相对于400℃下1×10⁻⁴s⁻¹应变速率，400℃下1×10⁻³s⁻¹应变速率的变形速度较快，最终应力下降较小。两种变形试样的金相光学组织如图5-13所示，能反映材料出现流变软化时的组织变化。当以较慢的应变速率在400℃进行压缩变形时，溶质原子形成D0₃型有序相析出，这种γ相先在晶界处形核并长大粗化，如图5-13（a）所示。随着应变速率变低，总体的加温时效时间延长，最先在晶界形成的析出相逐渐向晶内生长，从而使组织中分布大量的不连续胞状析出，导致合金强度和硬度等力学性能下降，如图5-13（b）所示。

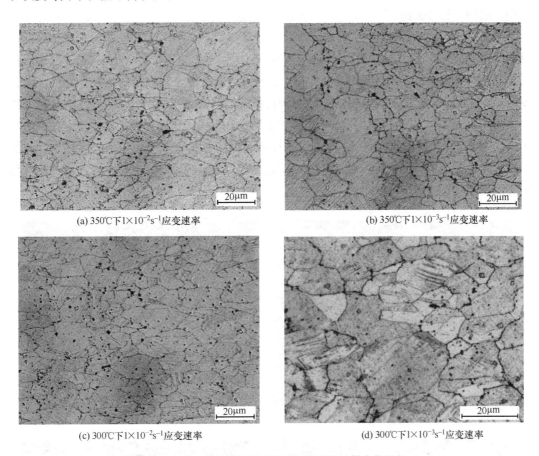

(a) 350℃下1×10⁻²s⁻¹应变速率　　　　　　　　(b) 350℃下1×10⁻³s⁻¹应变速率

(c) 300℃下1×10⁻²s⁻¹应变速率　　　　　　　　(d) 300℃下1×10⁻³s⁻¹应变速率

图5-12　应力-应变曲线出现明显锯齿波的试样金相组织

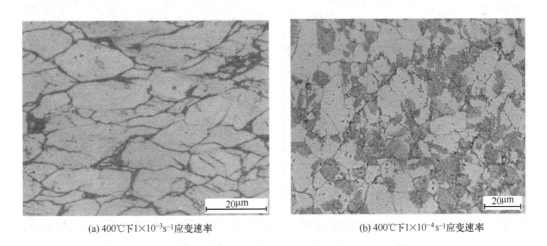

(a) 400℃下1×10⁻³s⁻¹应变速率　　　　　　　　(b) 400℃下1×10⁻⁴s⁻¹应变速率

图5-13　出现流变软化的试样金相组织

将不同状态的合金样品线切割成厚度为0.3mm的金属片，在砂纸上打磨至约60μm的厚度后再冲裁成φ3mm的圆片，使用双喷电解抛光制备透射试样。双喷腐蚀液为硝酸/甲醇（1:3）溶液，温度为-30℃。试样在Titan G 2 60-300物镜球差矫正场发射高分辨透射电镜（FEI，美国）进行检测。

图5-14为350℃下1×10⁻³s⁻¹应变速率试样的TEM检测结果。经过DSA处理后，位错密度很高并相互缠结，如图5-14（a）所示。同时出现大量变形孪晶，在孪晶附近有形成位错胞状结构的迹象，如图5-14（b）所示。这是因为溶质原子对位错的钉扎作用使得合金变形困难，必须通过孪晶协调滑移系以保证持续变形。该试样组织局部出现了有序相的析出，如图5-14（c）所示。通过[001]$_{Cu}$晶带轴的选区电子衍射花样发现基体衍射斑点中间出现了复杂的有序超点阵，超结构斑点出现分裂，同时还有孪晶衍射斑，如图5-14（d）所示。经过对衍射花样的标定和对比，确定超结构斑点表征为D0$_{22}$有序相，超点阵的三种形式对应于D0$_{22}$相的三种变体[32]。

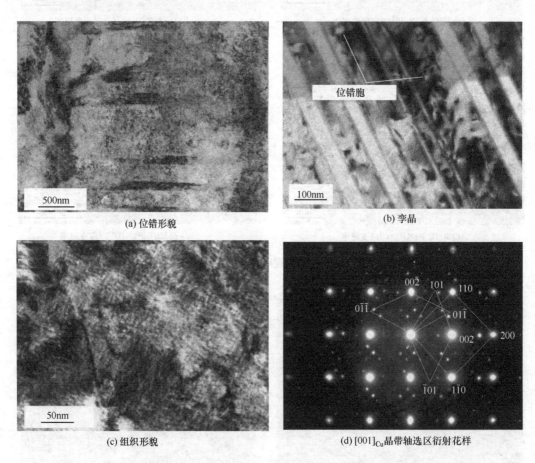

(a) 位错形貌 （b) 孪晶

(c) 组织形貌 （d) [001]$_{Cu}$晶带轴选区衍射花样

图5-14 350℃下1×10⁻³s⁻¹应变速率试样的TEM照片

图5-15为375℃下1×10⁻²s⁻¹应变速率试样的TEM检测结果。在相对更高的温度和更快的应变速率下，DSA处理后的位错形貌出现了变化，在位错密集区域出现由位错墙围成的位错胞，并且在位错胞附近开始出现少量细小的第二相粒子。

图5-16为400℃下$1\times10^{-1}s^{-1}$应变速率试样的TEM检测结果。组织中所析出的第二相粒子更为明显，尺寸相对更大，析出粒子周围的位错密度下降，说明出现了一定程度上的动态回复和再结晶。

图5-15和图5-16分别为两试样在基体［100］晶向附近$g=$［011］的两束条件的截面TEM像。根据TEM衍射对比度原理，螺型位错、刃型位错和混合位错在衍射矢量$g=$［011］条件下均可见。

(a) 位错胞

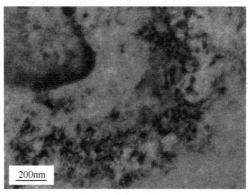

(b) 胞内析出

图5-15　375℃下$1\times10^{-2}s^{-1}$应变速率试样的TEM照片

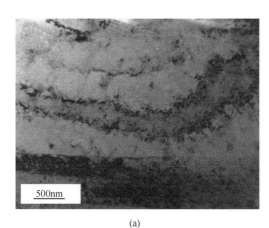

(a)

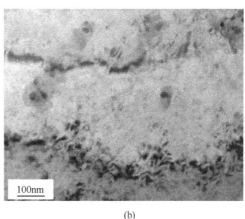

(b)

图5-16　400℃下$1\times10^{-1}s^{-1}$应变速率试样的TEM照片

5.3　本章小结

将Cu-15Ni-8Sn合金在常规时效温度区间进行压缩变形实验，通过应力-应变曲线分析和材料组织检测，分析得到以下结论：

① 合金在较高温度（375~450℃）和较慢的应变速率（$\leqslant1\times10^{-3}s^{-1}$）下进行压缩变形

时，第二相时效析出的孕育期较短，固溶体中的溶质原子很快形成第二相析出，来不及形成溶质原子气团，所以DSA现象不明显。但在时效的同时进行变形会使应力峰时效的时间远小于预冷变形后再时效的峰时效时间，说明在时效过程中的动态变形比时效前的预冷变形更能加速时效进程。

②合金在较低温度（300℃和350℃）和合适的应变速率（$1\times10^{-3}s^{-1}$）下变形时，时效析出的孕育期长，同时固溶体中的溶质原子的扩散能力与位错移动速率较好地匹配，在位错应力场的作用下向位错处偏聚形成溶质原子气团与可动位错之间不断的交互作用而产生明显的锯齿波动现象，此时DSA进行得较为充分，材料强化效果相对明显。应变速率过慢（$1\times10^{-4}s^{-1}$）溶质原子以第二相析出为主，DSA难以发生；应变速率过快（$\geqslant1\times10^{-2}s^{-1}$），溶质原子扩散速率比位错移率相差太多，溶质原子气团无法对位错进行有效钉扎，DSA现象也不明显。

③合金在时效温区进行压缩变形时，溶质原子与位错的相互作用导致出现大量变形孪晶，同时溶质原子向位错的偏聚抑制了调幅分解的浓度起伏，并且在位错密集区形成富溶质区，加速有序相的析出。

第6章

Cu-15Ni-8Sn的动态应变时效机理研究

由第5章的实验结果分析可知，Cu-15Ni-8Sn合金存在动态应变时效（DSA）行为。为了进一步确定该合金DSA的温度及应变速率区间，系统了解DSA的机理及其对于材料组织的影响，本章研究了Cu-15Ni-8Sn合金在低于常规时效温度的27~300℃温区（绝对温度300~573K）和不同应变速率（$5\times10^{-5}\sim5\times10^{-2}s^{-1}$）下的压缩变形行为，压缩变形量为50%，试样制备方法与实验设备与第5章相同。

首先通过正交实验测得合金在不同温度和应变速率条件下的应力-应变曲线，根据各条件下发生DSA的临界应变量计算出DSA激活能，分析该合金DSA机理，确定DSA的温度和应变速率区间。然后观察各变形试样的组织及位错组态的变化，研究溶质原子热扩散与可动位错的交互作用，分析DSA对合金组织与性能的影响[166]。

6.1 动态应变时效现象及机理

6.1.1 应力-应变曲线分析

图6-1为Cu-15Ni-8Sn合金在423 K温度下以不同应变速率压缩变形的应力-应变曲线。当应变速率为$5\times10^{-5}s^{-1}$时，曲线上有明显的锯齿波动。随着应变速率的增大，锯齿波变得很越来越弱。在应变速率达到$3\times10^{-3}s^{-1}$时，锯齿波动基本消失。

图6-2为Cu-15Ni-8Sn合金在523K温度下以不同应变速率压缩变形的应力-应变曲线。很明显，除了$5\times10^{-2}s^{-1}$，其它应变速率下的应力-应变曲线都存在不同程度的锯齿波动现象，而且出现锯齿波的临界应变量ε_c随着应变速率的增大而上升。这是因为DSA主要由可动位错的移动速度和溶质原子的扩散能力所决定。当应变速率较高时，溶质原子的扩散速度跟不上可动位错的滑移速度，故不能对可动位错形成有效钉扎，位错增殖速度较慢[167]。而只有当变形量和位错密度达到一定程度后，有足够的位错与溶质原子相互作用时才会发生锯齿波动。因此，DSA临界应变量随应变速率增大而上升。合金在553K温度下的应力-应变曲线与523K温度下的应力-应变曲线变化规律基本相同，如图6-3所示。

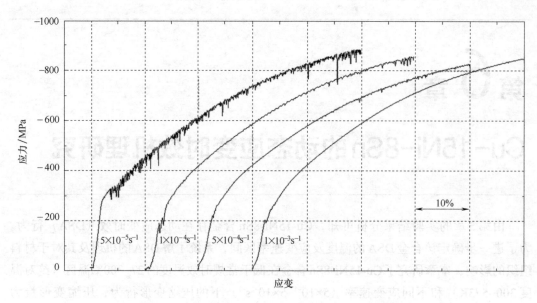

图6-1 423K温度下不同应变速率的应力-应变曲线

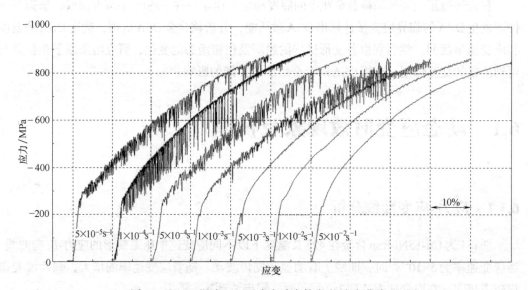

图6-2 523K温度下不同应变速率的应力-应变曲线

图6-4显示出了在不同温度下，以$5×10^{-3}s^{-1}$的应变速率进行压缩变形的应力-应变曲线。在300K和373K的温度下，由于溶质原子的扩散能力较弱，扩散速率无法与可动位错的移动速度匹配，没有形成锯齿波。而在423~573K的温度范围内，溶质原子的扩散速率加快，能在位错密度足够大的区域内对移动位错进行钉扎。因为可动位错的增殖速度随试验温度的升高而增加，所以温度越高，出现DSA的临界应变量ε_c越小。

如图6-5和图6-6所示为在不同温度下，分别以$5×10^{-4}s^{-1}$和$5×10^{-5}s^{-1}$的应变速率进行压缩变形的应力-应变曲线。很明显，在较慢的变形速率下，锯齿波动向低温区发展，且锯齿幅度越来越大。

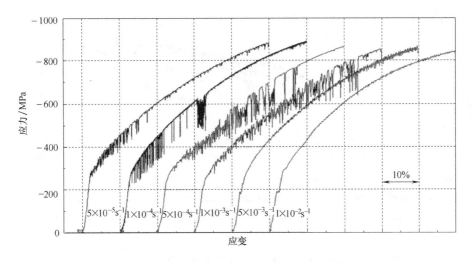

图6-3　553K温度下不同应变速率的应力-应变曲线

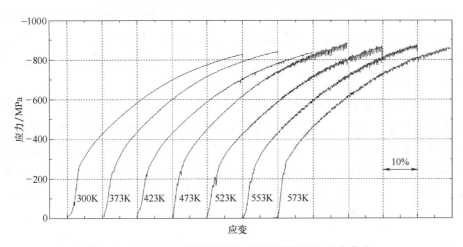

图6-4　$5\times10^{-3}s^{-1}$的应变速率下不同温度的应力-应变曲线

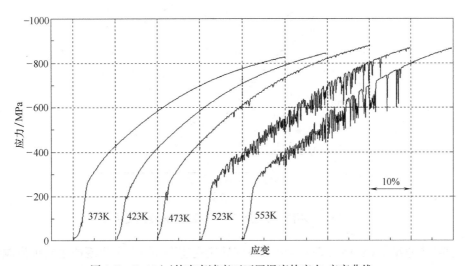

图6-5　$5\times10^{-4}s^{-1}$的应变速率下不同温度的应力-应变曲线

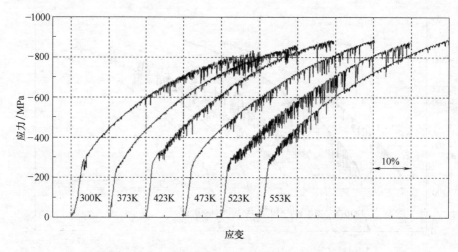

图6-6 $5×10^{-5}s^{-1}$的应变速率下不同温度的应力-应变曲线

在$5×10^{-3}s^{-1}$、$5×10^{-4}s^{-1}$和$5×10^{-5}s^{-1}$的应变速率下，屈服强度随温度升高的变化规律如图6-7所示。在发生DSA之前，屈服强度随着温度的升高而下降，且应变速率越慢，其下降趋势更明显。然而，在到达发生DSA的温度后，屈服强度不降反升，所形成的屈服应力平台为DSA的典型宏观特征之一。

锯齿波可以在一定的温度和应变速率范围内发生，然而形状却有所不同。相关文献将不同形状的锯齿波分为A、B和C等类型。A型锯齿波的特征是锯齿高度和振荡频率较小，一般只发生在低温或高的应变速率状态下。B型锯齿波是在应力-应变曲线中出现应力值在平均水平的上下细微振荡，通常发生在锯齿波开始的地方，或者由A型锯齿波发展形成。C型锯齿波通常在较高温度和较低应变速率条件下发生[168]。此外，还有过渡的波形，如A+B和B+C，如图6-8所示。

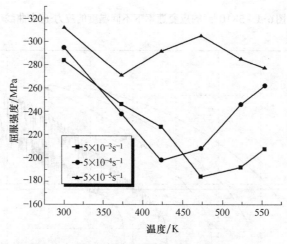

图6-7 不同应变速率下屈服强度随温度的变化

表6-1中总结了Cu-15Ni-8Sn合金在不同的应变速率和温度下出现的主要锯齿波类型。很明显，锯齿波的类型也反映了DSA的程度，C型锯齿波说明PLC效应最明显，动态应变

时效的程度最高，B型锯齿波次之，A型锯齿波相对最弱。

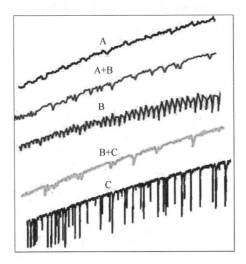

图6-8 应力-应变曲线中不同的锯齿波类型

⊡ 表 6-1　Cu-15Ni-8Sn 在不同的应变速率和温度下出现的锯齿波类型

应变速率/s⁻¹	温度/K						
	300	**373**	**423**	**473**	**523**	**553**	**573**
5×10^{-5}	B+C	B+C	B+C	C	C	C	C
1×10^{-4}	B	B	B+C	C	C	C	C
5×10^{-4}	—	—	B	B+C	B+C	C	C
1×10^{-3}	—	—	MS	B+C	B+C	B+C	B+C
5×10^{-3}	—	—	—	B	B	B+C	B+C
1×10^{-2}	—	—	—	MS	A+B	B	B
5×10^{-2}	—	—	—	—	—	A+B	A+B

注：—为无锯齿波；MS为微弱的锯齿波。

6.1.2　DSA 激活能计算及机理分析

根据Cottrell理论[169]，应力-应变曲线要出现锯齿波需要达到一定的临界变形量ε_c。这是因为DSA需要晶体中出现一定的空位浓度才能使溶质原子有足够的扩散能力，而这种空位浓度必须通过一定量的塑性变形来获得。出现DSA的临界应变量ε_c与应变速率及温度有关，满足以下关系式[170-174]：

$$\varepsilon_c^{m+\beta} = K\dot{\varepsilon}\exp\left(Q/RT\right) \tag{6-1}$$

$$\ln\dot{\varepsilon} = \left(m+\beta\right)\ln\varepsilon_c - \left(\ln K + Q/RT\right) \tag{6-2}$$

式中，m和β分别为代表空位浓度和可动位错密度的指标；K为常数；Q是锯齿波开始所需的激活能；R是理想气体常数（8.3144J/mol·K）；T是绝对温度。

式（6-1）和式（6-2）定量地描述了出现锯齿波的临界应变量与合金成分、应变速率及温度之间的内在关系。在式（6-2）中，当温度T为恒值时，$\ln\dot{\varepsilon}$与$\ln\varepsilon_c$呈线性关系，其斜率值为$(m+\beta)$，如果能得到$(m+\beta)$的值，则Q/R即为$\ln(\varepsilon_c^{m+\beta}/T)$与$1/T$线性关系的斜率值，激活能$Q$就可以通过图形绘制计算出来。

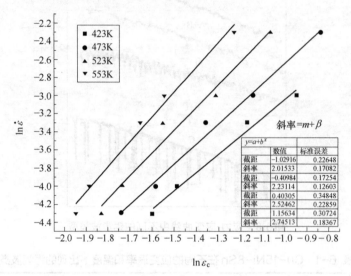

图6-9 临界应变与应变速率的关系

图6-9为423K、473K、523K和553K温度下，$\ln\dot{\varepsilon}$与$\ln\varepsilon_c$的线性变化关系图，很明显临界应变量随着应变速率的增大而增大。在373K、423K、473K和523K温度下，由$\ln\dot{\varepsilon}$与$\ln\varepsilon_c$各点拟合的直线斜率$(m+\beta)$分别为2.02，2.23，2.52和2.74。

得到了各温度下的$(m+\beta)$的值，便可绘制出$\ln(\varepsilon_c^{m+\beta}/T)$与$1/T$的关系图，如图6-10所示。为了保证计算可靠性，分别作出了$5\times10^{-5}s^{-1}$、$1\times10^{-4}s^{-1}$、$5\times10^{-4}s^{-1}$和$1\times10^{-3}s^{-1}$等不同应变速率下的$\ln(\varepsilon_c^{m+\beta}/T)$与$1/T$的拟合线性关系图，其斜率分别为8.13、8.20、8.47和8.30，平均斜率为8.28，则DSA激活能$Q=8.28R=68.84kJ/mol$。

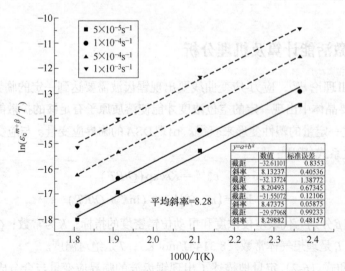

图6-10 $\ln(\varepsilon_c^{m+\beta}/T)$ 与 $(1/T)$ 的关系图

Cottrell根据锯齿波动所需激活能大体等于溶质原子在基体相中的体扩散激活能这一实验结果出发，认为对于置换式面心立方合金来说，钉扎位错所需溶质原子气团，是通过"空位"体扩散机制向位错进行偏聚的[164]。但后续的相关研究实验[175, 176]结果表明，Al-Cu合金及不锈钢1Cr18Ni9Ti等合金中出现锯齿波动所需的激活能只有溶质原子进行体扩散所需激活能的1/2~1/3，这种实验结果无法用空位扩散进行合理的解释。Balluffi的研究报道[177]：溶质原子可在位错管道中进行快速扩散，所需激活能仅相当于体扩散激活能的0.4~0.7倍。

在本研究中，第3章所计算的Sn在铜基中的体扩散激活能值为136.04kJ/mol（文献[133]中实验值为133.95kJ/mol）。文献[178]中Ni在Cu-0.1Ni中的体扩散激活能为56.53kJ/mol，文献[179]中Sn在Sn-0.7Cu中的位错管道扩散激活能为60kJ/mol。因此，结合第3章中位错与溶质原子作用能第一性原理计算结果和J. Balik[101]的研究，可以判定Cu-15Ni-8Sn合金的DSA和PLC效应主要是Sn原子与位错相互作用的结果，而且DSA过程中Sn原子的扩散迁移机制不是体扩散（空位扩散），而主要为短路扩散（即位错管道扩散、晶界扩散），即晶体缺陷成为溶质原子扩散的"快速通道"。在置换固溶体中，短路扩散得比体扩散更容易，速度更快，激活能小得多。

6.2　动态应变后合金的组织

6.2.1　不同状态试样的金相组织

Cu-15Ni-8Sn合金的固溶状态及两种典型的压缩变形处理试样的光学显微照片如图6-11所示。

图6-11（a）表明固溶态合金的微观组织中存在大量退火孪晶，在晶粒内部或晶界有少量的第二相残留物。在300K下5×10⁻³s⁻¹应变速率变形的应力-应变曲线上没有锯齿波，试样的显微组织表明晶粒已经伸长，并出现了少量变形孪晶，如图6-11（b）所示。而在373K下5×10⁻⁵s⁻¹应变速率的应力-应变曲线有明显锯齿波，试样的金相组织显示各变形的晶粒中已经存在一定程度上的沉淀析出，如图6-11（c）所示。

图6-12为Cu-15Ni-8Sn合金的固溶态和预变形试样的SEM显微照片。图6-12（a）为试样在固溶状态下的显微照片，晶内和晶界相对干净，只有在晶界存在少量第二相残留物。由表6-1可知，在423K下5×10⁻⁵s⁻¹应变速率变形的应力-应变曲线上出现了明显锯齿波，该压缩变形试样后抛光腐蚀后表面的显微照片如图6-12（b）所示。可以发现在晶粒内部形成了大量变形孪晶，图中两组孪晶变体呈约75°交角，并且在附近可观察到细小的析出物。在423K下1×10⁻²s⁻¹应变速率变形的应力-应变曲线上没有明显锯齿波，该试样的显微组织中同样出现了变形孪晶，但没有明显的析出物，只有在晶界处存在少量粗大的沉淀物，经分析主要是由固溶处理残留所致，如图6-12（c）所示。

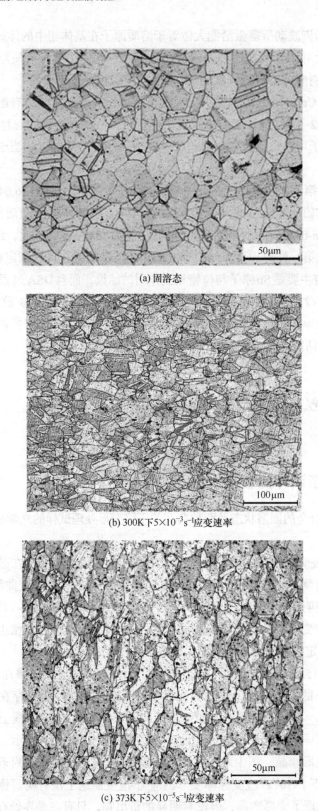

(a) 固溶态

(b) 300K下5×10⁻³s⁻¹应变速率

(c) 373K下5×10⁻⁵s⁻¹应变速率

图6-11 不同状态试样的金相组织

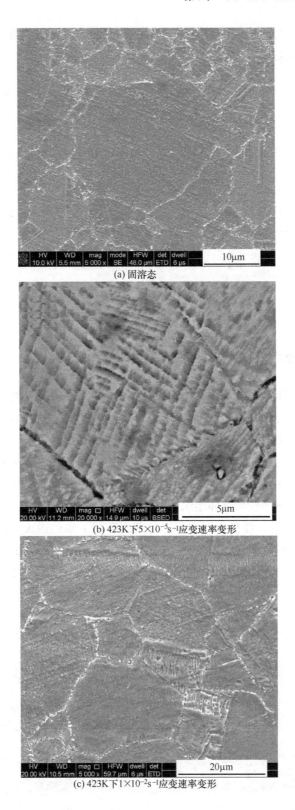

(a) 固溶态

(b) 423K下5×10^{-5}s^{-1}应变速率变形

(c) 423K下1×10^{-2}s^{-1}应变速率变形

图6-12　不同状态试样的SEM形貌

晶界和晶内沉淀物的SEM能谱分析如图6-13所示，表明晶界处粗大的残留物和晶内较小的沉淀物都为富Sn的（Cu，Ni)₃Sn相。

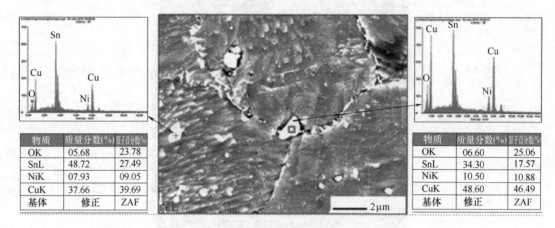

物质	质量分数(%)	原子百分数(%)
OK	05.68	23.78
SnL	48.72	27.49
NiK	07.93	09.05
CuK	37.66	39.69
基体	修正	ZAF

物质	质量分数(%)	原子百分数(%)
OK	06.60	25.06
SnL	34.30	17.57
NiK	10.50	10.88
CuK	48.60	46.49
基体	修正	ZAF

图6-13 富Sn成分的晶界残留物和晶内沉淀物

6.2.2 动态应变时效后合金微观组织的变化

为了进一步分析DSA过程中组织形貌及位错的变化，利用透射电子显微镜（TEM）对合金固溶态试样及不同变形条件下压缩变形试样的组织形貌进行了观察。图6-14至图6-19所示为几种不同状态试样的TEM照片。

如图6-14所示，固溶态合金的组织均匀，位错密度很低。在300K下$5×10^{-5}s^{-1}$应变速率变形试样中出现大量位错堆积，局部存在由位错缠结形成的位错壁，如图6-15所示。在373K下$5×10^{-5}s^{-1}$应变速率变形试样组织中，可以观察到大量位错缠结，同时还存在大量孪晶，如图6-16（a）所示，经分析既有固溶处理后存留下来的退火孪晶，也有形变过程中形成的变形孪晶，其衍射花样如图6-16（b）所示。在473K下$5×10^{-5}s^{-1}$应变速率变形试样组织中，由于溶质原子钉扎效应，位错堆积并缠结，形成大量位错胞，并出现少量细小析出粒子，如图6-17所示。

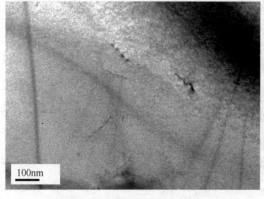

图6-14 固溶态试样的TEM照片

图6-15 300K下$5×10^{-5}s^{-1}$应变速率变形试样的TEM照片

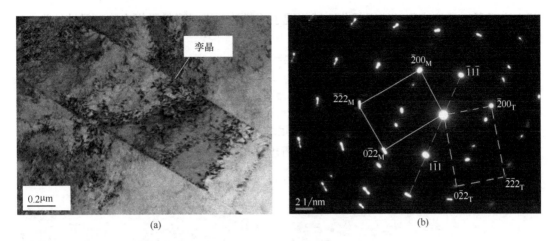

(a)

(b)

图6-16　373K下5×10⁻⁵s⁻¹应变速率变形试样的TEM照片

图6-17　473K下5×10⁻⁵s⁻¹应变速率变形试样的TEM照片

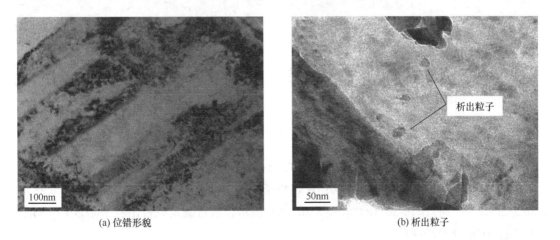

(a) 位错形貌

(b) 析出粒子

图6-18　523K下1×10⁻⁴s⁻¹应变速率变形试样的TEM照片

523K下1×10⁻⁴s⁻¹应变速率变形试样的位错形貌如图6-18（a）所示，既有位错墙，局部也出现了少量位错胞，组织部分区域出现了明显的纳米球形粒子析出物，尺寸约为15~20nm，如图6-18（b）所示。

在553K下5×10⁻⁵s⁻¹应变速率变形试样中，大范围地出现了纳米球形析出粒子，同时粒子析出区域的位错密度显著降低，如图6-19（a）和图6-19（b）所示，说明合金强化机制由位错强化逐渐转变为析出强化。根据图6-19（c）所示[001]$_{Cu}$晶带轴和图6-19（d）所示[112]$_{Cu}$晶带轴的选区电子衍射花样的标定结果可知，合金在DSA过程中的析出粒子主要为L1₂有序结构的β-(Cu，Ni)₃Sn相，该析出相与铜基的取向关系为：$(\bar{1}00)_\beta \parallel (200)_{Cu}$；$(\bar{1}\bar{1}0)_\beta \parallel (220)_{Cu}$；$[110]_\beta \parallel [220]_{Cu}$；$[111]_\beta \parallel [111]_{Cu}$。

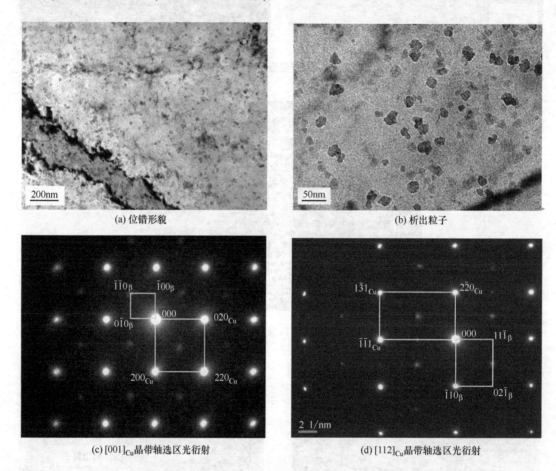

(a) 位错形貌　　　　　　　　(b) 析出粒子

(c) [001]$_{Cu}$晶带轴选区光衍射　　　(d) [112]$_{Cu}$晶带轴选区光衍射

图6-19　553K下5×10⁻⁵s⁻¹应变速率变形试样的TEM检测

通过随机对A、B两处析出粒子进行TEM能谱分析，得到A处粒子的成分（%）为：Ni 45.97%，Cu 30.15%，Sn 23.88%；B处粒子的成分（%）为：Ni 70.79%，Cu 4.86%，Sn 24.35%。分别如图6-20（a）和图6-20（b）所示，故可确定该析出粒子是以L1₂-Ni₃Sn为主的（Cu，Ni）₃Sn相。

图6-21为析出粒子的TEM高分辨照片及傅里叶转换后的衍射花样，析出粒子与基体存在确定的共格关系。

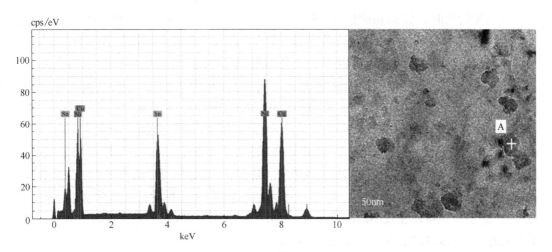

(a) A处粒子

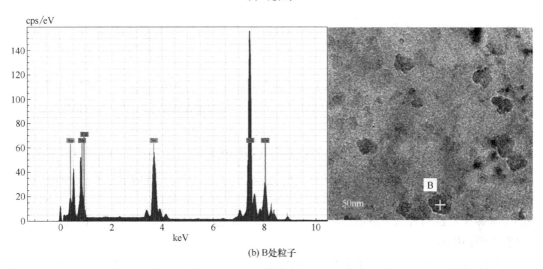

(b) B处粒子

图6-20　553K下5×10⁻⁵s⁻¹应变速率变形试样中析出粒子的能谱分析

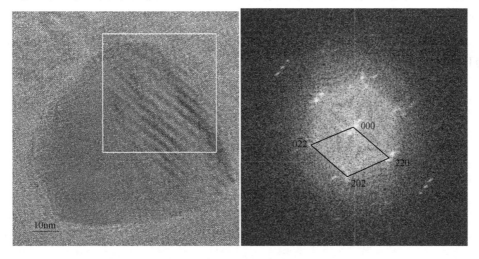

图6-21　析出粒子高分辨透射照片及傅里叶转换衍射花样

在自然时效时，富Sn相的析出一般只出现在高于573K（300℃）的温度[47]。所以这种动态析出与DSA密切相关，其析出所需的高的Sn原子浓度是由DSA过程的Sn原子不断向位错密集区偏聚所致。DSA过程中Sn原子偏聚的同时，Ni原子也向Sn原子偏聚并在其周围形成Sn-Ni原子团簇。当位错从Sn原子钉扎形成的柯氏气团中脱离时，留下的高浓度Sn-Ni原子团簇区域便可成为富Sn富Ni析出相的形核区[180]。由第4章中各类面心立方结构（Cu，Ni）$_3$Sn形成能计算结果可知，（Cu，Ni）$_3$Sn有序相的稳定性随着Ni含量增加而升高，而L1$_2$-Ni$_3$Sn具有最低的形成能，并且其晶格常数（a=3.738Å）与Cu基体晶格常数（a=3.615Å）相近。所以在富Sn富Ni区动态析出L1$_2$-Ni$_3$Sn满足最优的热力学和动力学作用，其所需的形核尺寸小于自然时效，第二相可以在比自然时效更低的温度下析出。据文献报道[181]，动态析出可以在较小的区域中（0.6nm）稳定形核并长大，而在自然时效过程中，必须要存在1nm的高溶质区域才能稳定形核并生长。

6.3　本章小结

采用粉末冶金法制备的Cu-15Ni-8Sn合金在300~573K的温度范围内，分别以5×10^{-5}s^{-1}~1×10^{-2}s^{-1}的应变速率进行了压缩正交试验，结合第2章至第4章的第一性原理计算结果，得到了以下结论：

①Cu-15Ni-8Sn合金在室温至573K的温度范围内都可能出现不同类型的锯齿波，温度越低，则要求的应变速率越小；反之，应变速率越大，出现DSA的温度要求则越高。

②经分析计算Cu-15Ni-8Sn合金中DSA的激活能为68.84kJ/mol，数值相当于Sn原子在Cu基体中的位错管道扩散激活能。因此，DSA效应主要是Sn原子通过位错管道扩散与位错相互作用所致。

③在DSA过程中，由于溶质原子与位错的相互作用形成Sn原子的偏聚，而Ni原子趋向于在Sn原子周围形成团簇，从而形成富Ni富Sn区，使合金在较低温度下能动态析出以L1$_2$-Ni$_3$Sn为主的（Cu，Ni）$_3$Sn相。

④DSA对Cu-15Ni-8Sn合金的强化作用不仅通过溶质原子与位错的相互作用实现，而且与DSA过程中所形成的动态析出相有关。

第**7**章
DSA预处理对Cu-15Ni-8Sn再时效组织与性能的影响

前章介绍了Cu-15Ni-8Sn合金在各温度和应变速率下的压缩变形行为，并且确定了该合金发生DSA的温度与应变速率区间，为了进一步验证DSA过程中合金组织的变化规律，探究DSA对于材料后续再时效组织与性能的影响，本章介绍Cu-15Ni-8Sn在几种典型条件的压缩预变形行为及再时效研究结果[182]。

首先，在523K（250℃）温度下，分别以$5\times10^{-5}s^{-1}$，$5\times10^{-4}s^{-1}$，$5\times10^{-2}s^{-1}$的应变速率进行压缩变形；在每种应变速率下都分别设置25%、50%和75%三种不同变形量。然后根据组织分析和硬度检测选取典型试样在400℃的盐浴中分别进行不同时间的再时效处理，观察和比较各试样再时效处理后的组织与性能。

7.1 典型变形条件下的力学行为及其组织性能

7.1.1 应力-应变曲线与变形条件的关系

图7-1为合金在523K温度下，应变速率分别为$5\times10^{-5}s^{-1}$、$5\times10^{-4}s^{-1}$、$5\times10^{-2}s^{-1}$，压缩变

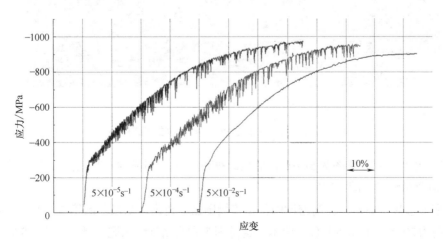

图7-1 523K时不同应变速率的应力-应变曲线

形量为75%的应力-应变曲线。应变速率为$5×10^{-5}s^{-1}$和$5×10^{-4}s^{-1}$的应力-应变曲线有明显的锯齿波，并以C型锯齿为主，即变形过程中发生明显的DSA。而应变速率为$5×10^{-2}s^{-1}$的应力-应变曲线则相对光滑，无明显DSA现象。

7.1.2 DSA预处理对合金显微组织的影响

523K温度下应变速率为$5×10^{-2}s^{-1}$的压缩变形没有发生DSA，不同变形量试样的TEM显微组织如图7-2所示。当应变量为50%时，组织中出现大量位错墙，如图7-2（a）所示。当变形量增至75%时，位错密度更高，开始出现由位错缠结形成的位错胞，如图7-2（b）所示。在位错相对较稀疏的局部区域，出现了调幅组织，其$[001]_{Cu}$晶带轴选区电子衍射花样的主斑点沿[100]和[010]方向出现锐化，如图7-2（c）所示。

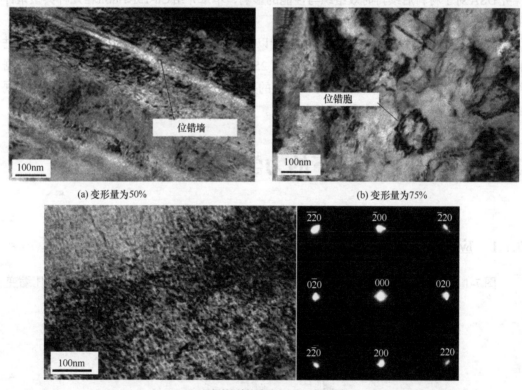

(a) 变形量为50%

(b) 变形量为75%

(c) 局部的调幅组织与$[001]_{Cu}$选区衍射

图7-2 应变速率为$5×10^{-2}s^{-1}$试样的TEM照片

523K温度下应变速率为$5×10^{-5}s^{-1}$的压缩变形出现了明显的DSA效应，不同变形量试样的TEM显微组织如图7-3所示。

当变形量为50%时，在高密度的位错胞周围已经析出纳米尺寸的第二相粒子，粒子平均尺寸约为20nm，如图7-3（a）所示。这是因为在高密度位错胞区域，由于DSA的作用，溶质Sn原子形成偏聚，而且由于这个区域的应力相对集中，第二相更容易析出[183]。当变形量达到75%时，第二相粒子逐渐长大，平均尺寸达到30nm左右，如图7-3（b）所示。含第二相析出粒子区域的$[110]_{Cu}$晶带轴选区电子衍射花样如图7-3（c）所示，结果表明球形析出粒子主要为$L1_2$结构的β相，它与合金基体存在确定的取向关系：$(001)\parallel(002)_{Cu}$；$[110]\parallel[110]_{Cu}$。

(a) 变形量为50%	(b) 变形量为75%

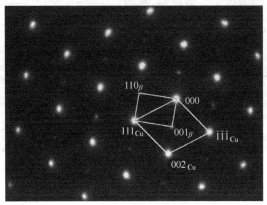

(c) $[110]_{Cu}$晶带轴选区衍射花样

图7-3　应变速率为$5×10^{-5}s^{-1}$试样的TEM照片

为了进一步确定析出粒子的成分和析出过程，利用TEM进行选区元素扫描（Elements Mapping），结果如图7-4所示。很明显，析出粒子为富Sn和富Ni相，而且位错周围各元素分布并不均匀，Sn和Ni都出现一定程度的偏聚，从而进一步证实了在DSA过程中由于位错与溶质原子的相互作用，产生了Sn的偏聚和Ni的团簇，最终导致$L1_2$-Ni_3Sn的析出。

随后，对表6-1中应力-应变曲线上出现了C型锯齿的试样进行了检测，发现都存在不同程度的第二相粒子析出，而没有发现调幅组织。而不出现锯齿或只出现A或B型锯齿的试样，大部分都出现了调幅组织，并且没有观察到有明显的第二相粒子析出。这说明DSA过程中的溶质原子偏聚和动态析出能抑制调幅分解的进行。Cu-Ni-Sn合金的调幅分解是Sn原子的上坡扩散，Sn原子的上坡扩散驱动力主要由调幅分离能提供。本书第2章中第一性原理计算得出Sn的最大调幅分离能约为16.5kJ/mol，在第3章中的第一性原理计算结果显示，同成分固溶体中Sn原子向位错偏聚的交互作用能约为128.25 kJ/mol，远大于Sn的调幅分离能。所以合金在动态应变时效过程中，Sn原子向位错偏聚的驱动力大于调幅驱动力，而由动态应变时效引起的Cottrell气团对Sn原子具有强烈的钉扎效应，Sn原子无法在调幅分离能作用下进行自由扩散，所以合金的调幅分解受到抑制。

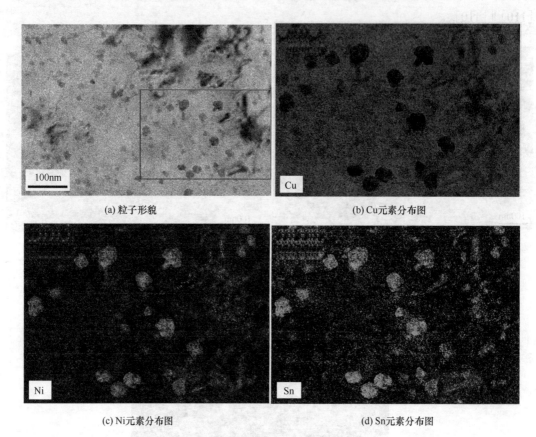

(a) 粒子形貌   (b) Cu元素分布图

(c) Ni元素分布图   (d) Sn元素分布图

图7-4 析出粒子的元素分布图

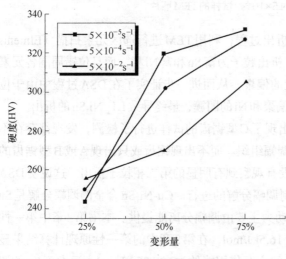

图7-5 各压缩试样的硬度

7.1.3 DSA预处理对合金力学性能的影响

图7-5为不同条件下压缩试样的显微硬度。在变形量达到50%之前，$5\times10^{-5}s^{-1}$和$5\times10^{-4}s^{-1}$应变速率的强化效果比$5\times10^{-2}s^{-1}$应变速率更为明显，而在50%~75%的变形阶段则相反。对于变形速率为$5\times10^{-5}s^{-1}$和$5\times10^{-4}s^{-1}$的试样，变形前期由于存在DSA效应和动态析出，合金同时存在析出强化和变形强化，故强化效果显著，而在变形后期，以沉淀强化为主，动态回

复使变形强化效果减弱。在应变速率为$5\times10^{-2}s^{-1}$的试样中，一直只有变形强化起作用。当变形量都达到75%时，$5\times10^{-5}s^{-1}$和$5\times10^{-4}s^{-1}$变形速率试样的硬度约为330HV，而$5\times10^{-2}s^{-1}$变形速率试样的硬度为305HV，说明DSA的强化效果比非DSA变形更显著。

7.2　再时效后合金的组织与性能

由前面的分析与检测可知，在$5\times10^{-5}s^{-1}$和$5\times10^{-4}s^{-1}$的变形速率下，合金都发生了DSA，而且这两种应变速率下压缩试样的组织与性能变化相似。所以选取$5\times10^{-5}s^{-1}$应变速率下变形量分别为25%、50%和75%的试样，$5\times10^{-2}s^{-1}$应变速率下变形量为75%的试样，以及未变形的固溶态合金试样进行再时效实验。将这些试样分别在400℃的盐浴中进行不同时间的保温，出炉立即水冷，然后检测并比较各试样的组织与硬度变化。

7.2.1　再时效后的显微组织

再时效试样的金相如图7-6所示。

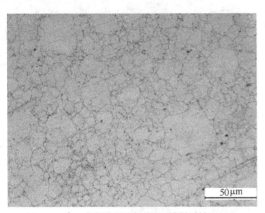

(a) $5\times10^{-5}s^{-1}$应变速率下变形25%试样时效10min　　(b) $5\times10^{-5}s^{-1}$应变速率下变形75%试样时效10min

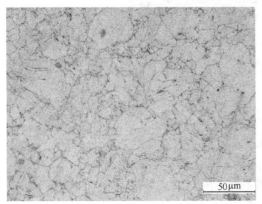
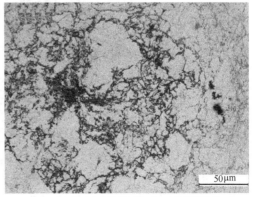

(c) $5\times10^{-2}s^{-1}$应变速率下变形75%试样时效10min　　(d) $5\times10^{-5}s^{-1}$应变速率下变形75%试样时效30min

图7-6　再时效试样的金相显微组织

其中图7-6（a）、（b）和（c）分别为5×10⁻⁵s⁻¹应变速率下变形25%，5×10⁻⁵s⁻¹应变速率下变形75%和5×10⁻²s⁻¹应变速率下变形75%试样时效10min后的金相组织，图7-6（d）为5×10⁻⁵s⁻¹应变速率下变形75%试样时效30min后的金相组织。很明显，相对于5×10⁻⁵s⁻¹应变速率下变形25%和5×10⁻²s⁻¹应变速率下变形75%试样，5×10⁻⁵s⁻¹应变速率下变形75%试样在时效10min后晶内和晶界的黑色析出物更明显。当5×10⁻⁵s⁻¹应变速率下变形75%试样时效至30min后，组织中形成大量黑色网状析出，如图7-6（d）所示。经维氏硬度检测，黑色网状析出区的显微硬度为300~320HV，且网状析出越密，硬度越低，初步分析为胞状析出。

图7-7为5×10⁻⁵s⁻¹和5×10⁻²s⁻¹应变速率下变形75%的试样再时效5min后的TEM显微组织。在5×10⁻⁵s⁻¹应变速率试样的显微组织中，DSA所形成的细小亚晶仍然存在，同时有一些新的第二相粒子析出，如图7-7（a）所示。而在另一些区域，DSA期间动态析出的第二相粒子已经成长为直径将近100nm的颗粒，同时在晶界处开始出现不连续析出，如图7-7（b）所示。而对于5×10⁻²s⁻¹应变速率试样，显微组织没有明显变化，组织中仍保持高密度位错，如图7-7（c）所示。

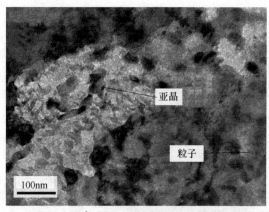

(a) 5×10⁻⁵s⁻¹应变速率下变形75%试样

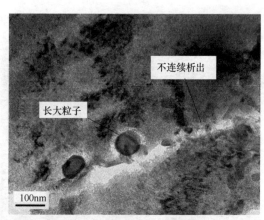

(b) 5×10⁻⁵s⁻¹应变速率下变形75%试样

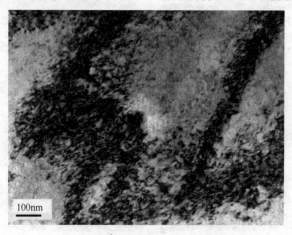

(c) 5×10⁻²s⁻¹应变速率下变形75%试样

图7-7 时效5min的试样TEM显微组织

图7-8为$5×10^{-5}s^{-1}$应变速率下变形75%压缩试样分别时效10min和15min后的TEM照片。时效10min后，不连续析出物在晶界长大，同时在晶内也开始形成不连续析出，如图7-8（a）所示。时效15min后，原来析出的$L1_2$-Ni_3Sn粒子逐渐被不断长大和扩张的不连续析出所吞并，颗粒相边界逐渐变得不规则和不清晰，如图7-8（b）所示，并且在组织的部分区域开始形成胞状析出，如图7-8（c）所示。

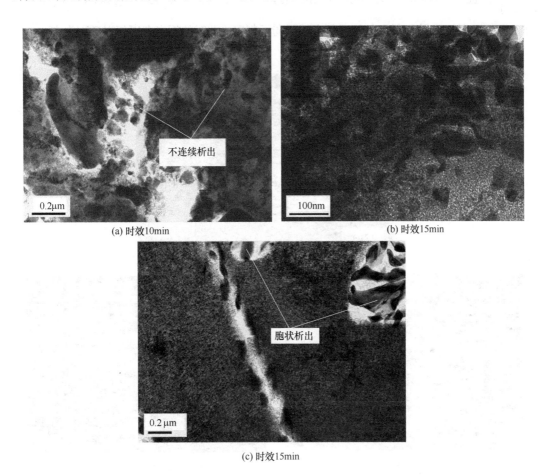

(a) 时效10min　　　　　　　　　　　　　　　　(b) 时效15min

(c) 时效15min

图7-8　$5×10^{-5}s^{-1}$应变速率下变形75%试样经不同时间时效后的TEM显微组织

对于未预变形的Cu-15Ni-8Sn，在400℃需要时效数小时（超过$1×10^4$s）后才会出现不连续析出[47]。这是因为在均匀固溶体中，溶质原子需要很长时间的上坡扩散，才能达到不连续析出的成分条件。而经过DSA预处理后，富溶质区和贫溶质区已经通过位错与溶质原子的相互作用形成，具备了不连续析出的溶质浓度条件。同时，大量的位错亚结构为不连续析出提供了溶质原子扩散通道和成核结点。所有这些条件都导致了不连续析出的提前出现和快速扩展。此外，常规预冷变形也能加速合金在时效过程中的不连续析出，但效果不如DSA预处理明显，其主要原因是冷预变形只能在局部形成较弱的溶质原子偏聚。

图7-9为$5×10^{-2}s^{-1}$应变速率下变形75%试样时效15min后的TEM显微照片。试样的显微组织中依然保持较高的位错密度，如图7-9（a）所示。部分区域仍然可以观察到明暗相

间的调幅组织，而且开始有少量亮色的针状析出相出现，如图7-9（b）所示。在其$[001]_{Cu}$晶带轴方向的衍射花样中，主衍射斑依然存在明显的锐化，并且出现微弱的有序相超点阵，分别处于基体衍射斑点中间的 $\{001\}$、$\{011\}$ 和 $\left\{0\frac{1}{2}1\right\}$ 位置，如图7-9（c）所示。其中 $\left\{0\frac{1}{2}1\right\}$ 位置的超点阵斑点为$D0_{22}$有序相独有，$\{001\}$、$\{011\}$ 位置为$D0_{22}$和$L1_2$有序相超点阵重合[60]。从超点阵衍射斑各位置斑点的强弱可判定，此时的析出有序相以$D0_{22}$为主。

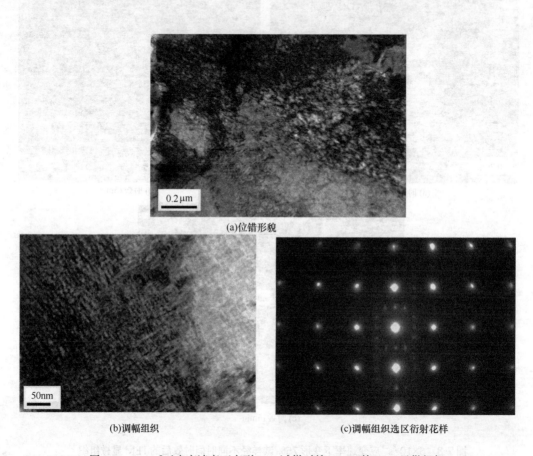

(a)位错形貌

(b)调幅组织

(c)调幅组织选区衍射花样

图7-9 $5\times10^{-2}s^{-1}$应变速率下变形75%试样时效15min的TEM显微组织

图7-10为$5\times10^{-5}s^{-1}$应变速率下变形75%试样时效30min后的TEM照片。试样的显微组织中可以观察到晶界和晶内的不连续析出长大粗化后形成了枝叶状的胞状组织，如图7-10（a）和7-10（b）所示，对选区衍射花样进行标定，确定该胞状析出主要为γ($D0_3$) 相，如图7-10（c）所示。这是因为DSA预处理后形成的第二相粒子处于不稳定状态，延长时效时间后会被不连续析出所吞并形成胞状析出。这种过时效组织将大大降低合金的硬度，但塑性会略有上升。

图7-11为$5\times10^{-2}s^{-1}$应变速率下变形75%试样时效30min后的TEM照片。可以看出，该试样的组织仍处于调幅组织粗化和有序相析出阶段。在选区衍射花样中，主斑点的锐化已

经基本消失，而在超点阵衍射斑中，$\{001\}$ 最强，$\left\{0\frac{1}{2}1\right\}$相对较弱，说明经过调幅分解后析出的$DO_{22}$有序相逐渐转变为$L1_2$有序相。

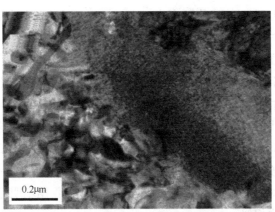

(a) 胞状组织形貌

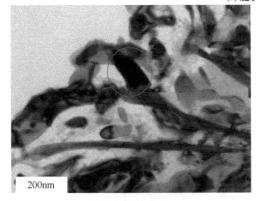

(b) 胞状组织形貌

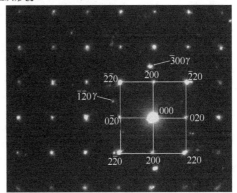

(c) 胞状析出选区衍射花样

图7-10　$5×10^{-5}s^{-1}$应变速率下变形75%试样时效30min后TEM显微组织

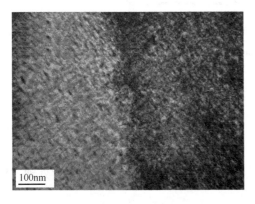

(a) 组织形貌

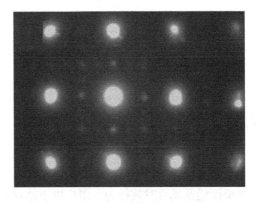

(b) 衍射花样

图7-11　$5×10^{-2}s^{-1}$应变速率下变形75%试样时效30min后TEM显微组织

7.2.2 再时效后的力学性能

图7-12为各试样经不同时间再时效处理后的硬度。对于$5\times10^{-5}s^{-1}$应变速率下变形75%的试样，时效10min后达到的峰值硬度为388HV；$5\times10^{-5}s^{-1}$应变速率下变形50%的试样，在时效15min后达到的峰值硬度为386HV；$5\times10^{-2}s^{-1}$应变速率下变形75%的试样在时效60min后达到的峰值硬度为377HV。说明出现DSA试样的峰时效时间远小于未出现DSA试样的峰时效时间，且前者峰值硬度比后者要高10HV左右。这是因为对于发生了DSA的试样，强化相会直接由动态析出的粒子长大，而且由于DSA引起的Sn溶质原子在位错处的偏聚和Ni的团簇，局部形成了大量高溶质区，新的第二相粒子在这些区域可以快速析出并长大，所以在短时间内就能达到峰时效。而对于没有发生DSA的试样，第二相的析出要经过较长时间的调幅分解、形核与长大过程。对于$5\times10^{-5}s^{-1}$应变速率下变形25%的试样，因为变形量过小，DSA没有得到充分进行，同时形变强化作用不明显，所以它的时效硬度曲线变化与固溶态试样相似。

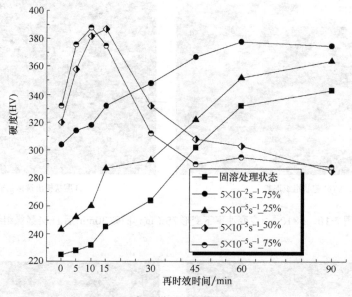

图7-12 各试样再时效的硬度曲线

7.3 本章小结

本章主要研究了在523K温度下，以不同应变速率和变形量进行预压缩变形处理试样的组织性能及其再时效行为，得出以下结论：

① 预变形应变速率为$5\times10^{-5}s^{-1}$和$5\times10^{-4}s^{-1}$时存在明显DSA现象。当变形量达到50%时，试样组织中析出了约20nm的第二相粒子，当变形量达到75%时，析出粒子长大至

30nm左右。预变形应变速率为$5×10^{-2}s^{-1}$时没有发生DSA，试样微观组织中出现了一定程度的调幅分解。

②对于预变形存在DSA现象的试样，在400℃再时效的峰值硬度时间在10~15min左右，组织中的强化相直接在DSA过程中动态析出的纳米粒子相上长大，预处理所形成的富Sn富Ni区加速了新相的析出。而预变形没有DSA现象的试样再时效的峰值硬度时间约为60min，强化相的析出需要再经过长时间的调幅分解。

③DSA预处理对不连续析出也有很强的促进作用。在DSA过程中形成的富溶质区具备了不连续析出的成分条件；同时，大量的位错亚结构为不连续析出提供了溶质原子扩散通道和成核结点。

第 8 章
Cu-Ni-Sn 组织与性能的微合金化调控

为了改善 Cu-Ni-Sn 合金的塑性、减少 Sn 元素的偏析、降低合金的成本，常常在合金中添加微量的其它合金元素。目前，主要添加的合金元素有：Si、Nb、Fe、Al、Ti、Zr、Mn、V、Cr 等。这些合金元素对 Cu-Ni-Sn 的影响主要包括：固溶并强化基体、细化晶粒、抑制不连续沉淀物的形核与长大。其中，细化晶粒和抑制不连续沉淀物的形核与长大的机制是这些合金元素大部分都能与 Ni 元素形成各类不同结构的 Ni₃M 合金化合物，在熔炼过程或后续的热加工、时效过程中在晶界析出，阻碍了 $DO_3\_(Cu, Ni)_3Sn$ 不连续析出的形核与长大。如 Ni₃Si 可能形成 $L1_2$、DO_{22} 结构；Ni₃Ti 和 Ni₃Nb 有可能形成 $L1_2$、DO_{22}、DO_3、DO_{19}、DO_a 等结构。

本章首先利用第一性原理计算和比较了不同结构类型 Ni₃M 和 Cu₃M 析出相的热稳定性和力学性能，为分析微合金元素对 Cu-Ni-Sn 组织和性能的影响提供基础理论依据。在此基础上，以 Si 和 Ti 元素对 Cu-15Ni-8Sn 合金影响为例，通过实验分析了微合金元素对 Cu-Ni-Sn 组织与性能的影响。

8.1 Ni₃M 与 Cu₃M 析出相的第一性原理计算

8.1.1 Ni₃M 和 Cu₃M 的形成能

各合金元素与 Ni 可能形成的 $L1_2$、DO_{22}、DO_3、DO_{19}、DO_a 等结构的 Ni₃M 相的形成能如图 8-1 所示。因为 DO_a 和 DO_{19} 的相结构与 FCC 的铜基体存在较大的结构差异，在时效析出过程中一般难以形成，所以主要分析 DO_{22}、$L1_2$ 及 DO_3 三种有序相。

很明显，Mn 与 Ni 很难形成稳定的 Ni₃Mn 相，故 Mn 元素在 Cu-Ni-Sn 中不能形成析出物强化，只能起一定的固溶强化效果。而 Fe、Cr 与 Ni 可形成稳定的 DO_{22} 结构的 Ni₃M 相，但其形成能明显弱于对应结构的 Ni₃Sn，故可起较小的析出强化效果，但对于 Ni₃Sn 的析出与长大没有明显的作用。Si、Nb、V、Zr、Al、Ta、Ti 等合金元素形成的 Ni₃M 相比对应结构 Ni₃Sn 的形成能更低、更稳定，可先于 Ni₃Sn 析出，能对 Ni₃Sn 的析出与长大起阻碍作用。在 DO_{22}、$L1_2$ 及 DO_3 三种有序结构中，形成能最低的分别是：$L1_2$ 结构的 Ni₃Si、Ni₃Al、Ni₃Zr 和 Ni₃Ti；DO_{22} 结构的 Ni₃Nb、Ni₃V 和 Ni₃Ta。

　　各合金元素与Cu可能形成的Cu₃M相的形成能如图8-2所示。在这些合金元素中，只有Si、Al能和Cu可以形成稳定的L1₂、D0₂₂、D0₃、D0₁₉、D0ₐ结构相，Sn、Zr、Ti只能和Cu形成部分结构相，且形成能远高于相应的Ni₃M相。所以，合金元素在Cu-Ni-Sn合金时效析出的主要强化相为D0₂₂和L1₂结构Ni₃M有序相。

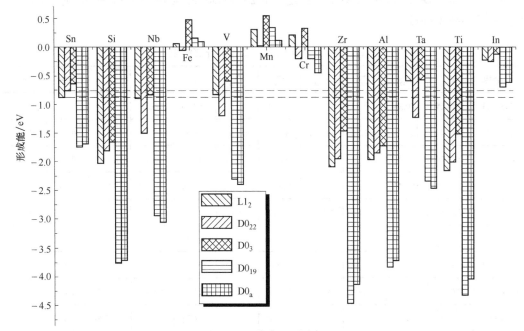

图8-1 不同结构的Ni₃M相的形成能

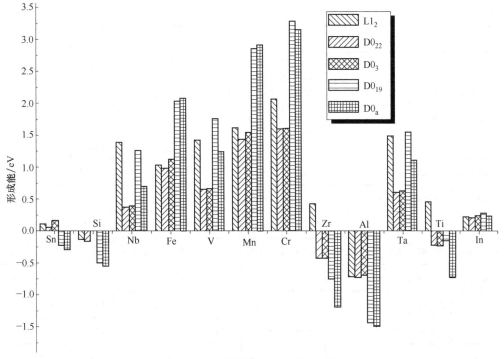

图8-2 不同结构的Cu₃M相的形成能

8.1.2 Ni₃M和Cu₃M的力学性能

Ni₃M 相的力学性能计算结果如表8-1所示。根据立方和四方晶体结构力学稳定性Born准则可知，所有 D0₃ 结构的 Ni₃M 都不稳定，而 L1₂ 和 D0₂₂ 结构的 Ni₃M 都是力学稳定相，其杨氏模量如图8-3所示。

表8-1 Ni₃M 的力学性能计算结果

合金相	C_{11}	C_{12}	C_{13}	C_{33}	C_{44}	C_{66}	B	G	E	G/B	v
Ni₃Sn-L1₂	234.64	120.28			92.50		158.40	76.27	197.17	0.48	0.29
Ni₃Sn-D0₂₂	239.47	133.53	161.36	215.31	82.92	68.20	178.52	57.49	155.75	0.32	0.35
Ni₃Sn-D0₃	133.79	150.44			93.84		144.89	14.49	42.05	0.10	0.45
Ni₃Si-L1₂	311.95	160.44			123.22		210.94	101.38	262.14	0.48	0.29
Ni₃Si-D0₂₂	236.86	163.29	178.81	249.32	100.53	94.68	195.62	63.94	172.96	0.33	0.35
Ni₃Si-D0₃	186.00	215.98			92.76		205.98	0.10	0.29	0.00	0.50
Ni₃Nb-L1₂	265.27	174.82			6.53		204.97	15.96	46.68	0.08	0.46
Ni₃Nb-D0₂₂	282.99	183.28	158.91	299.93	111.76	102.91	207.55	85.38	225.26	0.41	0.32
Ni₃Nb-D0₃	144.48	239.37			90.52		207.74	−259.71	−1335.80	−1.25	1.57
Ni₃Fe-L1₂	305.13	183.54			146.89		224.07	103.11	268.19	0.46	0.30
Ni₃Fe-D0₂₂	342.13	201.41	204.58	315.47	148.90	138.02	246.59	104.86	275.52	0.43	0.31
Ni₃Fe-D0₃	131.22	252.54			158.96		212.10	−141.77	−547.25	−0.67	0.93
Ni₃V-L1₂	291.18	170.68			89.94		210.85	76.60	204.97	0.36	0.34
Ni₃V-D0₂₂	283.72	181.33	161.42	323.52	131.29	139.32	210.94	98.69	256.12	0.47	0.30
Ni₃V-D0₃	128.87	237.42			125.62		201.23	−165.94	−686.55	−0.82	1.07
Ni₃Mn-L1₂	292.08	180.58			128.81		217.75	92.05	242.04	0.42	0.31
Ni₃Mn-D0₂₂	314.28	185.82	172.60	155.14	149.52		223.85	111.84	287.62	0.50	0.29
Ni₃Mn-D0₃	163.54	239.79			150.88		214.37	−39.11	−124.93	−0.18	0.60
Ni₃Cr-L1₂	294.74	185.40			100.12		221.85	78.54	210.75	0.35	0.34
Ni₃Cr-D0₂₂	318.80	210.51	191.39	315.88	148.18	148.48	237.65	102.88	269.72	0.43	0.31
Ni₃Cr-D0₃	142.73	247.86			131.20		212.82	−135.84	−517.68	−0.64	0.91
Ni₃Zr-L1₂	245.41	127.60			74.20		166.87	67.65	178.79	0.41	0.32
Ni₃Zr-D0₂₂	219.97	136.61	134.07	227.87	83.85	97.88	164.14	66.66	176.13	0.41	0.32
Ni₃Zr-D0₃	76.76	158.23			74.39		131.08	−270.80	−2609.35	−2.07	3.82

续表

合金相	C_{11}	C_{12}	C_{13}	C_{33}	C_{44}	C_{66}	B	G	E	G/B	ν
Ni$_3$Al-L1$_2$	233.46	162.00			121.64		185.82	74.64	197.49	0.40	0.32
Ni$_3$Al-D0$_{22}$	252.89	135.80	170.65	213.60	117.82	93.91	185.94	68.89	183.96	0.37	0.34
Ni$_3$Al-D0$_3$	144.52	187.67			132.87		173.28	−0.10	−0.30	0.00	0.50
Ni$_3$Ta-L1$_2$	263.66	193.23			−3.31		216.71	3.10	9.27	0.01	0.49
Ni$_3$Ta-D0$_{22}$	300.73	205.53	176.25	306.03	111.09	122.25	224.68	86.59	230.20	0.39	0.33
Ni$_3$Ta-D0$_3$	155.04	231.78			67.20		206.20	−321.44	−2007.44	−1.56	2.12
Ni$_3$Ti-L1$_2$	268.10	149.44			116.97		189.00	89.07	230.94	0.47	0.30
Ni$_3$Ti-D0$_{22}$	254.46	156.22	154.23	265.84	109.13	129.45	189.32	83.65	218.74	0.44	0.31
Ni$_3$Ti-D0$_3$	121.06	214.85			117.92		183.59	−119.29	−456.81	−0.65	0.91
Ni$_3$In-L1$_2$	195.11	136.61			86.25		156.11	55.96	149.95	0.36	0.34
Ni$_3$In-D0$_{22}$	200.65	114.89	137.25	184.74	74.74	66.66	151.61	51.06	137.72	0.34	0.35
Ni$_3$In-D0$_3$	128.07	164.87			80.51		152.60	−14.52	−44.98	−0.10	0.55

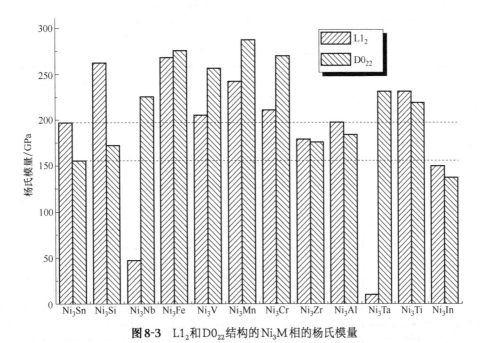

图 8-3　L1$_2$和D0$_{22}$结构的Ni$_3$M相的杨氏模量

综合热力学稳定性和弹性力学稳定性可得：Si、Zr、Al、Ti与Ni形成的L1$_2$和D0$_{22}$有序相不仅形成能低于相应结构的Ni$_3$Sn，而且弹性模量大于相应结构的Ni$_3$Sn，而L1$_2$结构的Ni$_3$Nb比同结构的Ni$_3$Sn的弹性模量更高。所以Si、Nb、Zr、Al、Ti等合金元素在Cu-Ni-Sn合金中可通过形成热力学和弹性力学更稳定的Ni$_3$M相而实现第二相析出强化。

Cu$_3$M相的力学性能计算结果如表8-2所示。在形成能为负的各结构合金相中，L1$_2$和

D0$_{22}$的Cu$_3$Al及Cu$_3$Ti具有较高的弹性模量。

⊡ 表8-2　Cu$_3$M的力学性能计算结果

合金相	C_{11}	C_{12}	C_{13}	C_{33}	C_{44}	C_{66}	B	G	E	G/B	v
Cu$_3$Sn-L$_{12}$	198.21	82.11			56.56		120.81	57.15	148.10	0.47	0.30
Cu$_3$Sn-D0$_{22}$	133.54	101.25	92.11	138.75	41.60	34.74	108.52	29.66	81.54	0.27	0.37
Cu$_3$Sn-D0$_3$	202.96	148.96			64.74		166.96	45.58	125.34	0.27	0.37
Cu$_3$Si-L$_{12}$	143.27	139.63			56.54		140.84	19.50	55.93	0.14	0.43
Cu$_3$Si-D0$_{22}$	215.36	94.05	102.82	213.52	67.22	74.93	138.16	64.46	167.35	0.47	0.30
Cu$_3$Si-D0$_3$	156.63	126.59			64.08		136.61	36.12	99.57	0.26	0.38
Cu$_3$Nb-L$_{12}$	158.01	134.27			49.82		142.19	28.25	79.49	0.20	0.41
Cu$_3$Nb-D0$_{22}$	255.31	73.66	146.59	184.43	90.84	18.39	158.74	48.65	132.42	0.31	0.36
Cu$_3$Nb-D0$_3$	179.09	149.44			91.55		159.32	45.34	124.24	0.28	0.37
Cu$_3$Fe-L$_{12}$	193.84	159.20			95.57		170.75	49.16	134.56	0.29	0.37
Cu$_3$Fe-D0$_{22}$	210.37	134.56	145.16	206.76	103.98	93.86	164.11	64.70	171.56	0.39	0.33
Cu$_3$Fe-D0$_3$	175.44	186.01			119.88		182.49	27.83	79.44	0.15	0.43
Cu$_3$V-L$_{12}$	156.55	137.38			65.40		143.77	31.36	87.70	0.22	0.40
Cu$_3$V-D0$_{22}$	279.30	48.87	152.28	172.02	113.39	10.52	159.70	47.85	130.51	0.30	0.36
Cu$_3$V-D0$_3$	172.69	151.86			113.82		158.81	47.68	130.02	0.30	0.36
Cu$_3$Mn-L$_{12}$	163.87	134.13			74.77		144.04	39.72	109.13	0.28	0.37
Cu$_3$Mn-D0$_{22}$	217.99	136.43	150.63	200.73	101.79	91.78	168.00	62.71	167.32	0.37	0.33
Cu$_3$Mn-D0$_3$	161.19	166.58			115.75		164.78	30.69	86.69	0.19	0.41
Cu$_3$Cr-L$_{12}$	159.91	149.95			62.95		153.27	25.45	72.34	0.17	0.42
Cu$_3$Cr-D0$_{22}$	227.19	100.94	157.12	172.69	114.11	63.17	161.93	49.91	135.77	0.31	0.36
Cu$_3$Cr-D0$_3$	177.57	164.50			118.73		168.86	44.47	122.65	0.26	0.38
Cu$_3$Zr-L$_{12}$	109.34	118.99			28.46		115.77	-0.52	-1.55	0.00	0.50
Cu$_3$Zr-D0$_{22}$	171.27	91.47	120.01	140.87	40.64	11.33	127.37	24.11	68.03	0.19	0.41
Cu$_3$Zr-D0$_3$	141.64	120.69			34.80		127.67	21.56	61.23	0.17	0.42

续表

合金相	C_{11}	C_{12}	C_{13}	C_{33}	C_{44}	C_{66}	B	G	E	G/B	v
Cu_3Al-L_{12}	172.12	111.14			72.54		131.47	51.23	136.03	0.39	0.33
Cu_3Al-$D0_{22}$	174.68	104.85	110.22	173.74	84.29	95.62	130.40	59.31	154.51	0.45	0.30
Cu_3Al-$D0_3$	167.05	110.91			104.97		129.62	62.15	160.75	0.48	0.29
Cu_3Ta-L_{12}	138.17	162.94			53.16		154.68	−10.32	−31.68	−0.07	0.53
Cu_3Ta-$D0_{22}$	250.20	81.74	157.85	178.64	82.90	8.11	163.73	36.28	101.34	0.22	0.40
Cu_3Ta-$D0_3$	177.96	163.05			83.49		168.02	34.76	97.55	0.21	0.40
Cu_3Ti-L_{12}	160.64	112.43			59.87		128.50	41.57	112.57	0.32	0.35
Cu_3Ti-$D0_{22}$	196.60	89.23	139.63	130.80	91.93	38.87	142.48	21.98	62.71	0.15	0.43
Cu_3Ti-$D0_3$	130.07	124.12			69.05		126.10	24.81	69.84	0.20	0.41
Cu_3In-L_{12}	131.13	96.59			46.74		108.10	31.37	85.80	0.29	0.37
Cu_3In-$D0_{22}$	145.52	89.39	93.91	137.05	59.74	65.23	109.15	42.82	113.60	0.39	0.33
Cu_3In-$D0_3$	135.20	107.13			58.02		116.49	33.09	90.68	0.28	0.37

8.2 Si对Cu-Ni-Sn组织与性能的影响

在Cu-Ni-Sn合金中添加Si元素的研究相对较多。中南大学刘施峰[33]及王艳辉[76]等实验研究了普通熔铸法制备的Cu-15Ni-8Sn-XSi合金在组织结构、相组成、相变过程及性能上的特点，探讨了Si对合金组织结构与性能的影响及其机理。Miki，M[184]等研究了Si元素对Cu-10Ni-8Sn合金胞状析出的影响。江西理工大学杨胜利[185]等实验研究了添加Si元素对Cu-7.5Ni-5Sn合金组织及性能的影响。

8.2.1 Si对Cu-15Ni-8Sn合金铸态组织的影响

图8-4为普通熔铸法制备的添加不同Si含量的Cu-15Ni-8Sn合金铸态样品的典型组织。很明显，添加Si的Cu-15Ni-8Sn合金树枝状组织仍然很发达，但随着Si含量的增加，枝晶变细拉长。当Si含量达到一定值时（如0.6Si），这种枝晶细化的趋势变缓。此外，随着含Si量的增加，间隙内骨状组织明显增多。这说明加入的Si可能与Ni形成某种化合物，并以骨状组织的形式大量的存在于枝晶间隙内。同时发现：与不加Si的Cu-15Ni-8Sn合金相比，添加Si后不但枝晶网胞尺寸明显减小，网胞间白亮骨状组织也更细小，这说明细化枝晶可

以直接影响到第二相的大小 [33]。

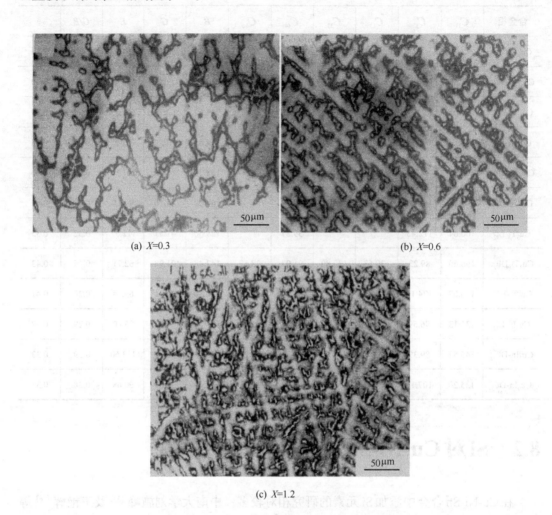

(a) *X*=0.3   (b) *X*=0.6

(c) *X*=1.2

图8-4 普通熔铸Cu-15Ni-8Sn-*X*Si合金铸态组织像 [33]

Cu-15Ni-8Sn-*X*Si合金铸态样品的SEM组织像及能谱分析出分别如图8-5和表8-3、表8-4所示。

▫ **表8-3 普通熔铸Cu-15Ni-8Sn-0.3Si合金铸态组织能谱分析**

编号	质量分数(%)				原子百分数(%)			
	Cu	**Ni**	**Sn**	**Si**	**Cu**	**Ni**	**Sn**	**Si**
A	35.40	26.98	36.29	1.34	40.67	33.54	22.32	3.48
B	74.41	11.78	13.33	0.48	78.02	13.37	7.48	1.13
C	79.42	13.43	6.52	0.64	80.32	14.70	3.53	1.46

表8-4　普通熔铸Cu-15Ni-8Sn-1.2Si合金铸态组织能谱分析

编号	质量分数（%）				原子百分数（%）			
	Cu	Ni	Sn	Si	Cu	Ni	Sn	Si
A	35.53	29.41	34.60	2.46	37.49	35.59	20.71	6.22
B	9.11	69.69	0.36	20.84	6.91	57.19	0.15	35.75
C	74.16	12.69	11.52	1.35	76.12	14.40	6.33	3.15
D	80.42	15.09	3.06	1.44	79.13	16.07	1.61	3.20

在图8-5（a）中，C、A、B处分别为枝晶基体、枝晶间骨状组织及两者之间的过渡区。通过能谱分析可知，灰白枝晶基体为Cu-Ni固溶的α相，枝晶间骨状组织为（Cu，Ni）$_3$Sn（γ相）。由于Si含量太少，形成的含Si相不能形成明显的衬度，难以找到单独的含Si相。在图8-5（b）中，枝晶间的骨状组织上出现了部分黑色衬度，经能谱分析可得，该部分黑色衬度的骨状组织中Ni、Si含量较高，而Cu和Sn含量很低，可以判断为Ni和Si形成的化合物。

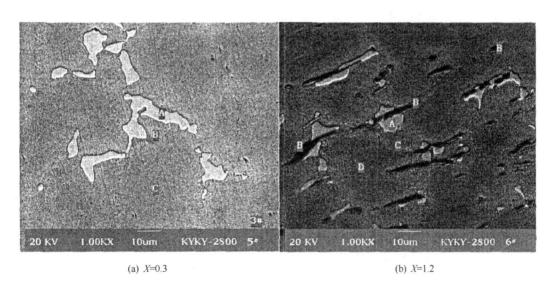

(a) X=0.3　　　　　　　　　　　　　　(b) X=1.2

图8-5　Cu-15Ni-8Sn-XSi合金铸态组织扫描电镜背散射电子像[33]

图8-6为不含Si及添加0.3Si的普通熔铸Cu-15Ni-8Sn合金铸态组织X-射线衍射花样，对其进行标定可测得添加Si合金基体的点阵常数有所增大，可推测是由于Si与Ni结合以Ni-Si化合物的形式析出，使基体中Ni含量下降，从而导致基体点阵常数增大。

为了确定Ni-Si化合物的相结构，在Cu-15Ni-8Sn-1.2Si合金中萃取含Ni-Si的化合物进行X-射线衍射分析，如图8-7所示。分析结果表明，添加的Si主要与Ni结合形成了Ni$_{31}$Si$_{12}$相和Ni$_3$Si相。

根据非均质形核理论，在合金熔液中，变质剂要产生细化作用，它与熔液的组分之一应形成一个固态化合物，该化合物与基体应该结构相似，晶格常数相当，即满足"点阵匹配原理"，这样才可以对形核起到催化作用。在$Ni_{31}Si_{12}$和Ni_3Si两种析出相中，Ni_3Si相为FCC结构（晶格常数a=0.352）与FCC的Cu-Ni基体（晶格常数$a≈0.361nm$）结构相同，晶格常数相近。而$Ni_{31}Si_{12}$相为六方结构（晶格常数$a=b$=0.667nm，c=1.228nm，$α=β=90°$，$γ=120°$），与FCC的Cu-Ni基体的结构和晶格常数相差甚远。所以，在Cu-15Ni-8Sn合金起细化作用的析出相主要是Ni_3Si相。

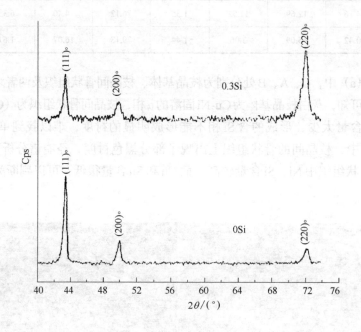

图8-6 Cu-15Ni-8Sn和Cu-15Ni-8Sn-XSi铸态组织X-射线衍射花样对比 [33]

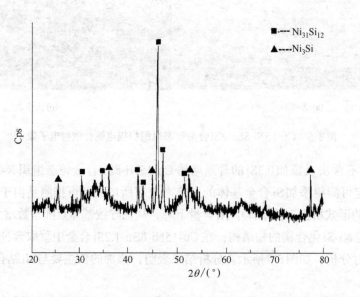

图8-7 Cu-15Ni-8Sn-1.2Si铸态组织中Ni-Si化合物的X-射线衍射花样 [33]

8.2.2　Si对Cu-15Ni-8Sn合金固溶态组织的影响

图8-8为普通熔炼Cu-15Ni-8Sn-XSi合金经850℃×10h均匀化退火后热挤压，再于850℃×2h固溶处理后的金相照片。显然，不含Si的Cu-15Ni-8Sn合金晶粒粗大，晶内和晶界上均无骨状组织，晶内出现退火孪晶。而含Si的合金晶粒远小于不含Si的合金，在晶内和晶界均出现了骨状组织，并且随着Si含量的增加，骨状组织数量增多，尺寸增大。

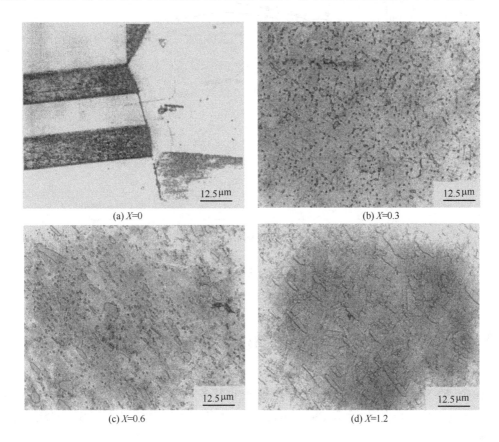

(a) X=0

(b) X=0.3

(c) X=0.6

(d) X=1.2

图8-8　Cu-15Ni-8Sn-XSi合金固溶处理后的显微组织 [33]

对骨状物的X-射线衍射花样进行标定可得，未溶的骨状组织为$Ni_{31}Si_{12}$相，而Ni_3Si相在固溶处理中已经全部固溶于基体。

8.2.3　Si对Cu-15Ni-8Sn合金时效硬化的影响

图8-9为普通熔炼Cu-15Ni-8Sn-XSi合金850℃×2h固溶处理后于400℃时效的硬化曲线。很明显，Cu-15Ni-8Sn-0.3Si合金可获得最高的峰值硬度，相对于未加Si的Cu-15Ni-8Sn合金，该值要高约10%。而继续增加Si的含量，合金硬度将降低。这因为添加Si较少时主要形成Ni_3Si相，而添加Si较多时主要形成$Ni_{31}Si_{12}$相，两者对合金硬度的贡献不同。

在时效过程中，Ni_3Si相在晶界析出，必然占据了γ相的形核位置，并且阻碍γ相沿界面的推移，因而抑制了不连续沉淀相（α+γ）的形核与长大。而随着合金中Si含量的增加，难溶的$Ni_{31}Si_{12}$相不仅存在于晶界而且存在于基体内，$Ni_{31}Si_{12}$相与基体的相界为不连续沉淀相提供了大量的形核位置，反而促进了不连续沉淀。

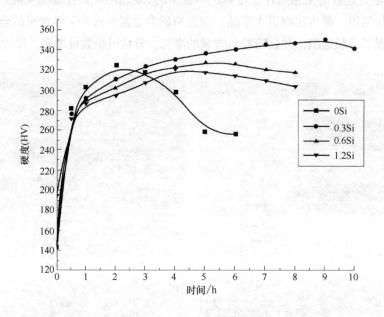

图8-9　Cu-15Ni-8Sn-XSi合金400℃时效硬化曲线[33]

8.3　Ti对Cu-Ni-Sn合金组织与性能的影响

在Cu-Ni-Sn合金中添加Ti元素的相关研究也较多。Miki[186]研究了Ti对Cu-10Ni-8Sn合金析出的影响。张少宗[187]及Chao Zhao[188]等人研究了Ti对Cu-15Ni-8Sn合金组织及性能的影响。

8.3.1　Ti对Cu-15Ni-8Sn合金组织的影响

采用中频感应炉铸造制备了不同Ti含量的Cu-15Ni-8Sn合金锭，铸锭随后在840℃下均匀化处理8h。利用热挤压工艺以17∶1的挤压比制造直径为12mm的合金棒。在820℃固溶处理1h后，将挤压棒淬火到水中，然后在400℃等温时效4h。图8-10为各状态下不同Ti含量的Cu-15Ni-8Sn合金SEM微观组织比较。微观区域的能谱分析如表8-5所示[187]。由图8-10可知，当合金中Ti含量较低时，Ti全部溶于基体组织，起一定的固溶强化作用。当Ti含量达到0.3%后，固溶态和时效态的合金组织中都出现了针状化合物，并且在固溶时不能溶于基体。能谱分析该针状物的Ni、Ti成分比约为3∶1，所以可初步确定这种富Ti沉淀相为Ni₃Ti。各状态下合金的晶粒尺寸随着Ti含量的增加而减小，说明Ti可起明显的晶粒细化作用。分析其机理：首先，Ti的加入促进了合金热挤压过程中的再结晶形核，对于添加0.3%Ti和0.5%Ti的合金，Ni₃Ti析出相分布在晶界可以延缓固溶处理过程中的晶界迁移，从而显著降低了晶粒长大速度。

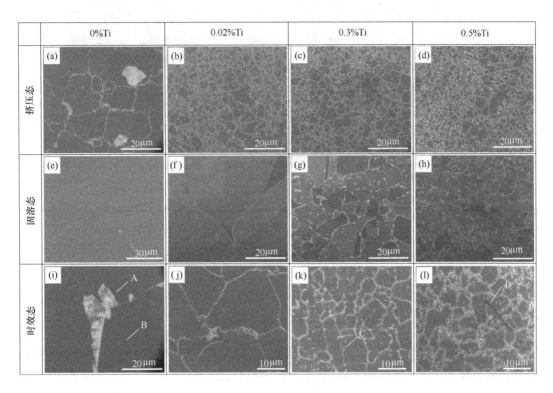

图8-10 各状态下不同Ti含量的Cu-15Ni-8Sn合金SEM微观组织[187]

▫ **表8-5** 不同Ti含量Cu-15Ni-8Sn-1.2Si合金时效态能谱分析

编号	原子百分数（%）			
	Cu	**Ni**	**Sn**	**Ti**
A	47.81	40.29	11.90	—
B	80.35	15.56	4.09	—
C	40.23	45.95	4.02	9.80
D	7.75	68.40	2.98	20.87

图8-11为含0.5%Ti合金不同状态下晶界处针状沉淀物的TEM及选区电子衍射花样。根据分析，可进一步确定针状沉淀物为D0₁₉结构的Ni₃Ti(η相)。由于D0₁₉结构与基体的FCC结构差异过大，该相在热挤压或时效时析出的可能性很小，大多是熔炼铸造时形成，在热挤压时被挤碎而形成。

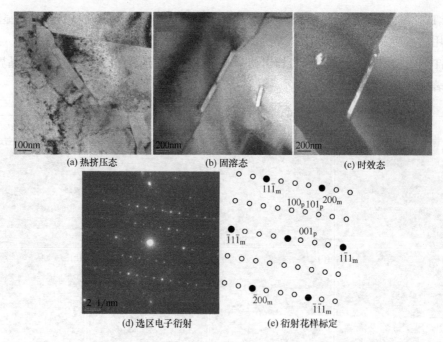

(a) 热挤压态   (b) 固溶态   (c) 时效态

(d) 选区电子衍射   (e) 衍射花样标定

图8-11 各状态下0.5%Ti含量的Cu-15Ni-8Sn合金TEM及选区电子衍射[188]

8.3.2 Ti对Cu-15Ni-8Sn合金力学性能的影响

图8-12为不同Ti含量Cu-15Ni-8Sn合金经热挤压后在400℃时效4h后的抗拉强度和伸长率。很明显，Ti的添加提高了Cu-15Ni-8Sn的拉伸强度和伸长率。当Ti含量从0增加到0.3%时，合金的拉伸伸长率从2.7%提高到17.9%。同时，抗拉强度从935MPa提高到1024MPa。Ti元素在合金中的强化作用机理主要是起固溶强化和第二相强化。

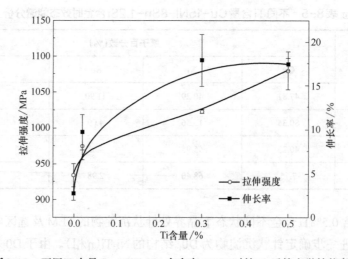

图8-12 不同Ti含量Cu-15Ni-8Sn合金在400℃时效4h后的力学性能[188]

8.4　本章小结

本章利用第一性原理计算和比较了不同结构类型 Ni_3M 和 Cu_3M 析出相的热稳定性和力学性能，并以 Si 和 Ti 元素对 Cu-15Ni-8Sn 合金影响的实验研究为例，分析了微合金元素对 Cu-Ni-Sn 组织与性能的影响。得出以下结论：

① Si、Nb、V、Zr、Al、Ta、Ti 等合金元素形成的 Ni_3M 相比对应结构 Ni_3Sn 的形成能更低、更稳定，可先于 Ni_3Sn 析出，能对 Ni_3Sn 的析出与长大起阻碍作用。Sn、Zr、Ti 只能和 Cu 形成部分结构相，且形成能远高于相应的 Ni_3M 相。所以，合金元素在 Cu-Ni-Sn 合金时效析出的主要强化相为 $D0_{22}$ 和 $L1_2$ 结构 Ni_3M 有序相。

② Si 在 Cu-Ni-Sn 合金中可形成六方结构的 $Ni_{31}Si_{12}$ 相和 $L1_2$ 结构的 Ni_3Si 相。添加 Si 较少时主要形成 Ni_3Si 相，而添加 Si 较多时主要形成 $Ni_{31}Si_{12}$ 相，在时效过程中，Ni_3Si 相在晶界析出可抑制不连续沉淀的形核与长大。而随着合金中 Si 含量的增加，难溶的 $Ni_{31}Si_{12}$ 相不仅存在于晶界而且存在于基体内，$Ni_{31}Si_{12}$ 相为不连续沉淀相提供了大量的形核位置，反而促进了不连续沉淀。

③ 当合金中 Ti 含量较低时，Ti 全部溶于基体组织，起一定的固溶强化作用。当 Ti 含量达到 0.3% 后，合金组织中会形成针状 $D0_{19}$ 结构的 Ni_3Ti(η 相)，该相主要在熔炼铸造时形成，并且在固溶时不能溶于基体。Ti 的添加提高了 Cu-Ni-Sn 的拉伸强度和伸长率，Ti 元素在合金中的强化作用机理主要是起固溶强化和第二相强化。

参考文献

[1] 刘平,赵冬梅,田保红.高性能铜合金及其加工技术[M].北京:冶金工业出版社,2005.

[2] 雷前.超高强CuNiSi系弹性导电铜合金制备及相关基础研究[D].长沙:中南大学,2014.

[3] 李周,雷前,黎三华,等.超高强弹性铜合金材料的研究进展与展望[J].材料导报,2015,29(7):1-5.

[4] 王志强.热处理对低铍铜力学性能及电导率影响的实验研究[D].长沙:中南大学,2007.

[5] 董超群,易均平.铍铜合金市场与应用前景展望[J].稀有金属,2006,29(3):350-356.

[6] Xie G, Wang Q, Mi X, et al. The precipitation behavior and strengthening of a Cu-2.0 wt% Be alloy [J]. Materials Science & Engineering A, 2012, 558: 326-330.

[7] 陈乐平,周全.铍铜合金的研究进展及应用[J].热加工工艺,2009,38(22):14-18.

[8] 卫欢,卫英慧,侯利锋.时效硬化铜钛合金的相变和应用[J].功能材料,2015,46(10):10001-10006.

[9] Laughlin D E, Cahn J W. Spinodal decomposition in age hardening copper-titanium alloys [J]. Acta Metallurgica, 1975, 23(3): 329-339.

[10] Cornie J A, Datta A, Soffa W A. An electron microscopy study of precipitation in Cu-Ti sideband alloys [J]. Metallurgical Transactions, 1973, 4(3): 727-733.

[11] Markandeya R, Nagarjuna S, Sarma D S. Precipitation hardening of Cu-Ti-Zr alloys [J]. Metal Science Journal, 2013, 20(7): 849-858.

[12] 曹兴民,李华清,向朝建,等.Zr的加入对Cu-Ti合金耐热性能影响的研究[J].热加工工艺,2008,37(14):16-18.

[13] 黄伯云,李成功,石力开,等.中国材料工程大典[M].北京:化学工业出版社,2006.

[14] 董琦祎.低浓度Cu-Ni-Si合金的组织及性能研究[D].长沙:中南大学,2010.

[15] 张良.超高强Cu-6.0Ni-1.4Si-0.15Mg-0.1Cr合金的组织与性能[D].长沙:中南大学,2011.

[16] 潘志勇.超高强高导电CuNiSi合金的组织与性能研究[D].长沙:中南大学,2010.

[17] Lei Q, Li Z, Xiao T, et al. A new ultrahigh strength Cu-Ni-Si alloy [J]. Intermetallics, 2013, 42: 77-84.

[18] Lei Q, Li Z, Wang MP, et al. Phase transformations behavior in a Cu-8.0Ni-1.8Si alloy [J]. Journal of Alloys and compounds. 2011, 509(8): 3617-3622.

[19] 彭承坚.弹性合金Cu10Ni15MnAlTi的热处理工艺及性能的研究[D].兰州:兰州理工大学,2008.

[20] 何向华.Cu-Ni-Mn合金铸态时效特性研究[D].西安:长安大学,2003.

[21] 潘奇汉,王德明.Cu-Ni-Mn合金晶界析出特点的观察[J].金属学报,1985,21(5):51-55.

[22] 潘奇汉.Cu-Ni-Mn合金热处理工艺[J].金属热处理,1985(3):45-48.

[23] Miki M, Amano Y. Aging Characteristics of Cu-30%Ni-Al Alloys [J]. Materials Transactions Jim, 2007, 20(1): 1-10.

[24] 陶世平,谢辉,贾磊.Cu-Ni-Al合金近平衡凝固过程中的析出相[J].金属热处理,2016,41(6):8-12.

[25] 吴昊.Cu-Ni-Al系合金铸态组织研究[J].上海有色金属,2016,37(3):90-94.

[26] 刘迪明,陈存中,刘维镐,等.Cu-Ni-Al-Ti合金时效早期的Spinodal分解[J].中南矿冶学院学报,1990(3):283-287.

[27] Sierpiński Z, Gryziecki J. Phase transformations and strengthening during ageing of CuNi10Al3 alloy [J]. Materials Science & Engineering A, 1999, 264(1-2): 279-285.

[28] Shen L, Li Z, Zhang Z, et al. Effects of silicon and thermo-mechanical process on microstructure and properties of Cu-10Ni-3Al-0.8Si alloy [J]. Materials & Design, 2014, 62(62): 265-270.

[29] 中西,輝雄.時効硬化型Cu-Ni-Sn合金の諸特性(〔日本伸銅協会伸銅技術研究会〕第19回講演会)[J].伸銅

技術研究会誌，1980.

[30] 彭广威，甘雪萍. Cu-15Ni-8Sn合金的研究现状及展望［J］. 模具制造，2016，16（7）：73-76.

[31] 吴语，杨胜利. 高弹性合金Cu-Ni-Sn的研究与发展［J］. 有色金属材料与工程，2014，35（1）：38-44.

[32] 史海生，吴杏芳，章靖国，等. 喷射成形Cu-15Ni-8Sn合金的相组织及时效硬化［J］. 材料研究学报，1999（6）：654-658.

[33] 刘施峰，汪明朴，李周，等. 真空熔铸法和快速凝固法制备的Cu-15Ni-8Sn-XSi合金的组织研究［J］. 矿冶工程，2005，25（3）：73-75.

[34] 近藤慎一郎，枡嵜昭憲，小川兼人，et al. 溶体化処理および液体急冷した Cu-15Ni-8Sn 合金のスピノーダル分解に及ぼす初期組織の影響［J］. 日本金属学会誌，2015，79（12）：664-671.

[35] Deyong L, Elboujdaïni M, Tremblay R, et al. Electrochemical behaviour of rapidly solidified and conventionally cast Cu-Ni-Sn alloys［J］. Journal of Applied Electrochemistry，1990，20（5）：756-762.

[36] 郑史烈，吴进明，吴年强，等. 机械合金化制备Cu-15Ni-8Sn合金［C］. 中国功能材料及其应用学术会议. 1998.

[37] 曾跃武. 机械合金化程度对Cu-15Ni-8Sn合金性能的影响［J］. 中国有色金属学报，2000，10（4）：497-501.

[38] 江伯鸿. Spinodal分解合金及其应用［J］. 功能材料，1988（3）：39-45.

[39] Gahn J W. Hardening by spinodal decomposition［J］. Acta Metallurgica，1963，11（12）：1275-1282.

[40] Carpenter R W. Deformation and fracture of gold-platinum polycrystals strengthened by spinodal decomposition［J］. Acta Metallurgica，1967，15（8）：1297-1308.

[41] Huston E L, Cahn J W, Hilliard J E. Spinodal decomposition during continuous cooling［J］. Acta Metallurgica，1966，14（9）：1053-1062.

[42] Schwartz L H, Mahajan S, Plewes J T. Spinodal decomposition in a Cu-9 wt% Ni-6 wt% Sn alloy［J］. Acta Metallurgica，1974，22（5）：601-609.

[43] Spooner S, Lefevre B G. The effect of prior deformation on spinodal age hardening in Cu-15 Ni-8 Sn alloy［J］. Metallurgical Transactions A，1980，11（7）：1085-1093.

[44] Kratochvíl P, Mencl J, Pešička J, et al. The structure and low temperature strength of the age hardened Cu-Ni-Sn alloys［J］. Acta Metallurgica，1984，32（9）：1493-1497.

[45] Ray R K, Narayanan S C. Combined Recrystallization and Precipitation in a Cu-9Ni-6Sn Alloy［J］. Metallurgical Transactions A，1982，13（4）：565-573.

[46] Sato A, Tamura K, Ito M, et al. In situ, observation of moving dislocations in a Cu-10Ni-6Sn spinodal alloy［J］. Acta Metallurgica Et Materialia，1993，41（4）：1047-1055.

[47] Zhao J C, Notis M R. Spinodal decomposition, ordering transformation, and discontinuous precipitation in a Cu-15Ni-8Sn alloy［J］. Acta Materialia，1998，46（12）：4203-4218.

[48] Alili B, Bradai D, Zieba P. On the discontinuous precipitation reaction and solute redistribution in a Cu-15%Ni-8%Sn alloy［J］. Materials Characterization，2008，59（10）：1526-1530.

[49] Miki M, Ogino Y. Precipitation In A Cu-20%Ni-8%Sn Alloy And The Phase Diagram Of The Cu-Ni Rich Cu-Ni-Sn System.［J］. Transactions of the Japan Institute of Metals，1984，25（9）：593-602.

[50] Kratochvíl P, Mencl J, Pešička J, et al. The structure and low temperature strength of the age hardened Cu-Ni-Sn alloys［J］. Acta Metallurgica，1984，32（9）：1493-1497.

[51] Plewes J T. High-strength Cu-Ni-Sn alloys by thermomechanical processing［J］. Metallurgical Transactions A，1975，6（3）：537-544.

[52] 赵建国，龚学湘，俞玉平，等. Cu-15Ni-8Sn弹性合金的研究与应用［J］. 上海有色金属，1989，10（3）：15-18.

[53] Plewes J T. Quaternary spinodal copper alloys. United States：USRE31180［P］. 1983-03-15.

[54] 张利衡，添加Fe对Cu-9Ni-6Sn合金时效硬化的影响［J］. 上海冶金高等专科学校学报，2000（2）：67-73.

[55] 王艳辉，汪明朴，洪斌，等. Cu-15Ni-8Sn-0.4Si合金铸态组织结构及成分偏析研究［J］. 矿冶工程，2002，22

(3)：104-107.

[56] 王艳辉，汪明朴，洪斌. Cu-9Ni-6Sn合金概述 [J]. 材料导报，2004，18 (5)：33-35.

[57] 张利衡. 少量Mn对Cu-15Ni-8Sn合金时效硬化的影响 [J]. 上海有色金属，1996 (2)：62-67.

[58] 江伯鸿. Spinodal分解合金及其应用 [J]. 功能材料，1988 (3)：39-45.

[59] Van Hunnik E W J, Colijn J, Schade van Westrum, J.A.F.M. Heat Treatment and Phase Inter-Relationships of the Spray Cast Cu-15 wt%Ni-8 wt%Sn Alloy [C]. Materials Science Forum. 1992：115-124.

[60] 欧阳亦. 粉末冶金法制备Cu-15Ni-8Sn-xNb合金及其组织与力学性能研究 [D]. 长沙：中南大学，2017.

[61] 郑史烈，吴进明，曾跃武，等. Ageing behavior of Cu-15Ni-8Sn alloy prepared by mechanical alloying [J]. Transactions of Nonferrous Metals Society of China, 1999 (4)：707-711.

[62] Lefevre B G, D'Annessa A T, Kalish D. Age hardening in Cu-15Ni-8Sn alloy [J]. Metallurgical Transactions A, 1978, 9 (4)：577-586.

[63] 陈津文，叶仲屏，曾跃武，等. 机械合金化Cu-9Ni-6Sn合金的时效 [J]. 材料科学与工程学报，2000，18 (2)：69-73.

[64] 刘施峰. 普通熔铸与快速凝固Cu-15Ni-8Sn-XSi合金组织结构与性能的研究 [D]. 长沙：中南大学，2005.

[65] Virtanen P, Tiainen T, Lepistö T. Precipitation at faceting grain boundaries of Cu-Ni-Sn alloys [J]. Materials Science & Engineering A, 1998, 251 (1-2)：269-275.

[66] 周允红，周晓龙，曹建春，等. 时效对铸造 Cu-15 Ni-8 Sn合金组织与性能的影响 [J]. 金属热处理，2014，39 (8)：96-100.

[67] Ditchek B, Schwartzl H. Diffraction study of spinodal decomposition in Cu-10wt%Ni-6wt%Sn [J]. Acta Metallurgica, 1980 (28)：807-822.

[68] Huston E L, Cahn J W, Hilliard J E. Spinodal decomposition during continuous cooling [J]. Acta Metallurgica, 1966, 14 (9)：1053-1062.

[69] Caris J, Varadarajan R, Jr J J S, et al. Microstructural effects on tension and fatigue behavior of Cu-15Ni-8Sn sheet [J]. Materials Science & Engineering A, 2008, 491 (1)：137-146.

[70] Kato M, Mori T, Schwartz L H. Hardening by spinodal modulated structure [J]. Acta Metallurgica, 1980, 28 (3)：285-290.

[71] Singh J B, Cai W, Bellon P. Dry sliding of Cu-15 wt%Ni-8 wt%Sn bronze：Wear behaviour and microstructures [J]. Wear, 2007, 263 (1-6)：830-841.

[72] Louzon T J. Tensile property improvements of spinodal Cu-15Ni-8Sn by two-phase heat treatment [J]. J. Eng. Mater. Technol.；(United States), 1982, 104：3 (3)：234-240.

[73] Alili B, Bradai D, Zieba P. On the discontinuous precipitation reaction and solute redistribution in a Cu-15%Ni-8%Sn alloy [J]. Materials Characterization, 2008, 59 (10)：1526-1530.

[74] Helmi F M, Zsoldos L. On the thermal decomposition of Cu-Ni-Sn after prior cold-work [J]. Scripta Metallurgica, 1977, 11 (10)：899-901.

[75] Ray R K, Narayanan S C. Combined Recrystallization and Precipitation in a Cu-9Ni-6Sn Alloy [J]. Metallurgical Transactions A, 1982, 13 (4)：565-573.

[76] 王艳辉. Cu-15Ni-8Sn-XSi合金和Cu-9Ni-2.5Sn-1.5Al-0.5Si 合金中的相变及其对合金性能的影响 [D]. 长沙：中南大学，2004.

[77] Mccormigk P G. A model for the Portevin-Le Chatelier effect in substitutional alloys [J]. Acta Metallurgica, 1972, 20 (3)：351-354.

[78] Jiang H, Zhang Q, Jiang Z, et al. Experimental investigations on kinetics of Portevin-Le Chatelier effect in Al-4 wt.%Cu alloys [J]. Journal of Alloys & Compounds, 2007, 428 (1)：151-156.

[79] Delpueyo D, Balandraud X, Grédiac M. Calorimetric signature of the Portevin-Le Châtelier effect in an alu-

minum alloy from infrared thermography measurements and heat source reconstruction [J]. Materials Science & Engineering A, 2016, 651: 135-145.

[80] Hu Q, Zhang Q, Cao P, et al. Thermal analyses and simulations of the type A and type B Portevin-Le Chatelier effects in an Al-Mg alloy [J]. Acta Materialia, 2012, 60 (4): 1647-1657.

[81] Moon D W. Considerations on the present state of lüders band studies [J]. Materials Science & Engineering, 1971, 8 (4): 235-243.

[82] Hong S G, Lee K O, Lee S B. Dynamic strain aging effect on the fatigue resistance of type 316L stainless steel [J]. International Journal of Fatigue, 2005, 27 (10-12): 1420-1424.

[83] Qian K W, Reed-Hill R E. A model for the flow stress and strain rate sensitivity of a substitutional alloy-Cu-3.1at.%Sn [J]. Acta Metallurgica, 1983, 31 (1): 87-94.

[84] Yang F M, Sun X F, Guan H R, et al. Dynamic strain aging behavior of K40S alloy [J]. Acta Metallurgica Sinica (English Letters), 2003, 16 (6): 473-477.

[85] Wagner D, Moreno J C, Prioul C, et al. Dynamic strain aging sensitivity of heat affected zones in C-Mn steels [J]. Journal of Nuclear Materials. 1998, 252 (3): 257~265.

[86] Ajit K. Roy, Joydeep Pal, Chandan Mukhopadhyay. Dynamic strain ageing of an austenitic superalloy—Temperature and strain rate effects [J]. Materials Science & Engineering A, 2008, 474 (1): 363-370.

[87] Peng K P, Qian K W, Chen W. Effect of dynamic strain aging on high temperature properties of austenitic stainless steel [J]. Materials Science & Engineering A, 2004, 379 (1): 372-377.

[88] Gopinath K, Gogia A K, Kamat S V, et al. Dynamic strain ageing in Ni-base superalloy 720Li [J]. Acta Materialia, 2009, 57 (4): 1243-1253.

[89] 钱匡武, 李效琦, 萧林钢, 等. 金属和合金中的动态应变时效现象 [J]. 福州大学学报（自然科学版）, 2001, 29 (6): 8-23.

[90] Cottrell A H. A note on the Portevin-Le Chatelier effect [J]. Philosophical Magazine, 2010, 44 (355): 829-832.

[91] Mccormigk P G. A model for the Portevin-Le Chatelier effect in substitutional alloys [J]. Acta Metallurgica, 1972, 20 (3): 351-354.

[92] 钱匡武, 彭开萍, 陈文哲. 金属动态应变时效现象中的"锯齿屈服"[J]. 福建工程学院学报, 2003, 1 (1): 4-8.

[93] Jiang H, Zhang Q, Chen X, et al. Three types of Portevin-Le Chatelier effects: Experiment and modelling [J]. Acta Materialia, 2007, 55 (7): 2219-2228.

[94] Ranc N, Wagner D. Experimental study by pyrometry of Portevin-Le Châtelier plastic instabilities-Type A to type B transition [J]. Materials Science & Engineering A, 2007, 474 (1): 188-196.

[95] Han G M, Tian C G, Cui C Y, et al. Portevin-Le Chatelier Effect in Nimonic 263 Superalloy [J]. Acta Metallurgica Sinica (English Letters), 2015, 28 (5): 542-549.

[96] Soare M A, Curtin W A. Solute strengthening of both mobile and forest dislocations: The origin of dynamic strain aging in fcc metals [J]. Acta Materialia, 2008, 56 (15): 4046-4061.

[97] Shabadi R, Kumar S, Roven H J, et al. Effect of specimen condition, orientation and alloy composition on PLC band parameters [J]. Materials Science & Engineering A, 2004, 382 (1-2): 203-208.

[98] Tian B. Ageing effect on serrated flow in Al-Mg alloys [J]. Materials Science & Engineering A, 2003, 349 (1-2): 272-278.

[99] 钱匡武, 李效琦. α-黄铜中晶粒尺寸对锯齿屈服的影响 [J]. 材料研究学报, 1990, 4 (5): 420-424.

[100] 钱匡武. 金属和合金中的动态应变时效 [C]. 中国机械工程学会.中国机械工程学会材料学会第一届年会论文集.无锡, 1986.4: 134-139.

[101] Balík J, Janeček M, Mencl J. Dynamic strain ageing in CuNiSn alloys [J]. Czechoslovak Journal of Phys-

ics B, 1988, 38 (5): 485-487.

[102] Hartree D R. The Wave Mechanics of an Atom with a Non-Coulomb Central Field. Part II. Some Results and Discussion [J]. Mathematical Proceedings of the Cambridge Philosophical Society, 1928, 24 (3): 426-437.

[103] Sholl D S, Steckel J A. Density Functional Theory/A Practical Introduction [J]. Office of Scientific & Technical Information Technical Reports, 2009.

[104] Ghosh G. First-principles calculations of structural energetics of Cu-TM (TM=Ti, Zr, Hf) intermetallics [J]. Acta Materialia, 2007, 55 (10): 3347-3374.

[105] Ghosh G, Vaynman S, Asta M, et al. Stability and elastic properties of L1$_2$-(Al, Cu)$_3$ (Ti, Zr) phases: Ab initio calculations and experiments [J]. Intermetallics, 2007, 15 (1): 44-54.

[106] Yu C, Liu J, Lu H, et al. First-principles investigation of the structural and electronic properties of Cu$_{6-x}$Ni$_x$Sn$_5$(x=0, 1, 2) intermetallic compounds [M]// Robert Owen, prophet of the poor:. Macmillan, 2007: 1471-1478.

[107] Jian Yang, Jihua Huang, Dongyu Fan, et al. Structural, mechanical, thermo-physical and electronic properties of η'-(CuNi)$_6$Sn$_5$, intermetallic compounds: First-principle calculations [J]. Journal of Molecular Structure, 2016, 1112: 53-62.

[108] Teeriniemi J, Taskinen P, Laasonen K. Modeling of complex ternary structures: Cu-Ni-Pd alloys via first-principles [J]. Computational Materials Science, 2016, 115: 202-207.

[109] Bustamante-Romero I, Peña-Seaman O D L, Heid R, et al. Effect of magnetism on lattice dynamical properties in the Ni-Cu alloy from first principles [J]. Journal of Magnetism & Magnetic Materials, 2016, 420: 97-101.

[110] 龙永强. Cu-Ni-Si合金微结构及相变的计算与模拟 [D]. 上海交通大学, 2011.

[111] 陈春彩. 金属Cu和Fe晶格结构与热力学性质的第一性原理计算 [D]. 西南交通大学, 2012.

[112] Wang Y, Gao H, Han Y, et al. First-principles study of solute-vacancy binding in Cu [J]. Journal of Alloys & Compounds, 2014, 608 (4): 334-337.

[113] Wang Y, Gao H, Han Y, et al. First-principles study on the solubility of iron in dilute Cu-Fe-X alloys [J]. Journal of Alloys & Compounds, 2016, 691: 992-996.

[114] Xin J, Zhang W, Wang J, et al. Prediction of diffusivities in fcc, phase of the Al-Cu-Mg system: First-principles calculations coupled with CALPHAD technique [J]. Computational Materials Science, 2014, 90 (1): 32-43.

[115] 温玉锋, 孙坚, 黄健. 基于特殊准随机结构模型的FCC Fe-Cu无序固溶体合金的弹性稳定性 [J]. 中国有色金属学报, 2012 (9): 2522-2528.

[116] Wang Y H, Wang M P. The Strengthening of Cu-15Ni-8Sn Alloy [J]. 材料热处理学报, 2004, 25 (5): 97-100.

[117] Ahn S, Tsakalakos T. The Effect of Applied Stress of the Decomposition Cu-15Ni-8Sn Spinodal Alloy [J]. Mrs Proceedings, 1982, 21.

[118] 彭广威, 甘雪萍. Cu-Ni-Sn 系合金调幅分解的第一性原理计算 [J]. 特种铸造及有色合金, 2018, 38 (9): 945-948.

[119] 潘金生, 全健民. 材料科学基础 [M]. 北京: 清华大学出版社, 1998.

[120] 江伯鸿. Spinodal分解合金及其应用 [J]. 仪表材料, 1988, 19 (3): 165-171.

[121] 张美华, 魏庆, 江伯鸿, 等. Cu-Ni-Sn系合金Spinodal分解热力学 [J]. 上海金属 (有色分册), 1990, 11 (6): 8-14.

[122] 江伯鸿, 张美华, 魏庆, 等. 三元系调幅分解的热力学判据 [J]. 金属学报, 1990, 1 (5): 25-27.

[123] 张美华, 江伯鸿, 徐祖耀. Cu-15Ni-8Sn合金Spinodal分解动力学及Nb的影响 [J]. 材料研究学报, 1991, 5

(2)：106-112.

[124] 陶辉锦，周珊，刘宇，等. DO_{19}-Ti_3Al中点缺陷浓度与相互作用的第一性原理研究［J］. 金属学报，2017（6）：751-759.

[125] 谭笛，代明江，符文彬，et al. Virtual Crystal Approximation of Pd-Ru-Zr System［J］. 稀有金属材料与工程，2015，44（12）：2976-2981.

[126] 王娟，侯华，赵宇宏，等. 压力下Ni-Sn化合物力学性能和电子结构的第一性原理［J］. 特种铸造及有色合金，2017，37（2）：208-213.

[127] 高巍，谢飞. 第一性原理计算Fcc-$Cr_{1-x}Si_xN$的调幅分解［J］. 河北大学学报（自然科学版），2010，30（5）：508-511.

[128] 牛建钢，丁振君，高巍，等. 第一性原理计算fcc-$Nb_{1-x}Si_xN$的调幅分解［J］. 材料导报，2010，24（14）：78-80.

[129] Vrijen J, Radelaar S. Clustering in Cu-Ni alloys：A diffuse neutron-scattering study［J］. Physical Review B Condensed Matter，1978，17（2）：409-421.

[130] 冯翠菊，刘英. 基于第一性原理计算Cu_xNi_{19-x}（x<19）混合团簇的结构研究［J］. 华北科技学院学报，2011，08（1）：71-75.

[131] 彭广威，魏祥，尹华东.Cu-Ni-Sn固溶体溶质原子与位错交互作用的第一性原理计算［J］. 特种铸造及有色合金，2020，40（7）：714-717.

[132] 陈丽娟，侯柱锋，朱梓忠，等. LiAl中空位形成能的第一原理计算［J］. 物理学报，2003，52（09）：125-130.

[133] 胡赓祥，蔡珣，戎咏华. 材料科学基础［M］. 3版. 上海：上海交通大学出版社，2010.

[134] Plishkin Y M, Podchinenov I E. Vacancy migration energy calculation in an F.C.C. copper lattice by computer simulation［J］. Physica Status Solidi，2010，38（1）：51-55.

[135] Masami O, Hideo F. Reaction-diffusion in the Cu-Sn system［J］. Transactions of the Japan Institute of Metals，1975，16（9）：539-547.

[136] Guang-Wei Peng, Xue-Ping Gan, Zhou Li, Ke-Chao Zhou. First-principles study of the $(Cu_xNi_{1-x})3Sn$ precipitations with different structures in Cu-Ni-Sn alloys［J］. Chin. Phys. B，2018，27（8）：086302.

[137] Miki M, Ogino Y. Precipitation in a Cu-20%Ni-8%Sn alloy and the phase diagram of the Cu-Ni rich Cu-Ni-Sn system.［J］. Transactions of the Japan Institute of Metals，1984，25（9）：593-602.

[138] Kratochvíl P, Mencl J, Pešička J, et al. The structure and low temperature strength of the age hardened Cu-Ni-Sn alloys［J］. Acta Metallurgica，1984，32（9）：1493-1497.

[139] Gupta K P. An expanded Cu-Ni-Sn system (Copper-Nickel-Tin)［J］. Journal of Phase Equilibria，2000，21（5）：479-484.

[140] Sadi F, Servant C. Phase transformations and phase diagram at equilibrium in the Cu-Ni-Sn system［J］. Journal of Thermal Analysis & Calorimetry，2007，90（2）：319-323.

[141] Pang X Y, Wang S Q, Zhang L, et al. First principles calculation of elastic and lattice constants of orthorhombic Cu3Sn crystal［J］. Journal of Alloys & Compounds，2008，466（1）：517-520.

[142] Schreiner W H, Pureur P, Grandi T A, et al. A thermal X-RAY and resistivity study of the heusler alloy Cu2NiSn［J］. Journal of Thermal Analysis，1979，17（2）：489-494.

[143] Kachi S, Murakami Y. Martensitic Transformation and Phase Relation in Ni3-xCuxSn and Ni3-xMnxSn Alloys［J］. 1981，29（1）：73-78.

[144] Spooner S, Lefevre B G. The effect of prior deformation on spinodal age hardening in Cu-15Ni-8Sn alloy［J］. Metallurgical Transactions A，1980，11（7）：1085-1093.

[145] Pak J S L, Mukherjee K, Inal O T, et al. Phase transformations in (Ni, Cu) 3Sn alloys［J］. Materials Science & Engineering A，1989，117：167-173.

[146] Villars P, Cenzual K, Pearson W B, et al. Pearson's crystal data：crystal structure database for inorganic

compounds [M]. ASM International, 2010.

[147] Stampfl C, Mannstadt W, Asahi R, et al. Electronic structure and physical properties of early transition metal mononitrides: Density-functional theory LDA, GGA, and screened-exchange LDA FLAPW calculations [J]. Physical Review B, 2001, 63 (15): 155106.

[148] Wang T F, Ping C, Deng Y H, et al. First-principles calculation of structural and elastic properties of $Pd_{3-x}Rh_xV$ alloys [J]. Transactions of Nonferrous Metals Society of China, 2011, 21 (2): 388-394.

[149] Boulechfar R, Meradji H, Ghemid S, et al. First principle calculations of structural, electronic and thermodynamic properties of Al_3 (Ti_xV_{1-x}) alloy in $D0_{22}$, and $L1_2$, structures [J]. Solid State Sciences, 2013, 16 (1): 1-5.

[150] Zhang C S, Yan M F, You Y, et al. Stability and properties of alloyed ε-$(Fe_{1-x}M_x)_3N$ nitrides (M = Cr, Ni, Mo, V, Co, Nb, Mn, Ti and Cu): A first-principles calculations [J]. Journal of Alloys & Compounds, 2014, 615: 854-862.

[151] M. Diviš. The Electronic Structure of Ni_3Sn and Ni_2CuSn Intermetallics [J]. Physica Status Solidi, 2010, 173 (2): K13-K17.

[152] 渡部, 安広, 村上, 勇一郎, 可知, 祐次. $Ni_{3-x}M_xSn$ (M=Cu, Mn) 合金の状態図とマルテンサイトおよびマッシブ変態 [J]. 日本金属学会誌, 1981, 45: p551-558.

[153] Hu H, Wu X, Wang R, et al. Structural stability, mechanical properties and stacking fault energies of $TiAl_3$, alloyed with Zn, Cu, Ag: First-principles study [J]. Journal of Alloys & Compounds, 2016, 666: 185-196.

[154] Liu Y, Jiang Y, Zhou R. First-Principles Study on Stability and Mechanical Properties of Cr_7C_3 [J]. Rare Metal Materials & Engineering, 2014, 43 (12): 2903-2907.

[155] 张彩丽. 合金元素对Mg-Li-X强/韧化作用机制的第一性原理研究 [D]. 太原: 太原理工大学, 2011.

[156] Nong Z, Zhu J, Yang X, et al. The mechanical, thermodynamic and electronic properties of Al_3Nb with $D0_{22}$, structure: A first-principles study [J]. Physica B Physics of Condensed Matter, 2012, 407 (17): 3555-3560.

[157] Pettifor D G. Theoretical predictions of structure and related properties of intermetallics [J]. Metal Science Journal, 2013, 8 (4): 345-349.

[158] S.F. Pugh. Relations between the elastic moduli and the plastic properties of polycrystalline pure metals [J]. Philosophical Magazine, 2009, 45 (367): 823-843.

[159] Li L H, Wang W L, Wei B. First-principle and molecular dynamics calculations for physical properties of Ni-Sn alloy system [J]. Computational Materials Science, 2015, 99: 274-284.

[160] Zhang H, He Y Z, Yuan X M, et al. Microstructure and age characterization of Cu-15Ni-8Sn alloy coatings by laser cladding [J]. Applied Surface Science, 2010, 256 (20): 5837-5842.

[161] 彭广威, 甘雪萍. Cu-15Ni-8Sn合金压缩变形下的动态时效行为 [J]. 金属热处理, 2017, 42 (5): 98-101.

[162] 刘洋, 罗远辉, 王力军. Cu-15Ni-8Sn弹性合金的研究及发展趋势 [J]. 金属功能材料, 2013 (2): 52-56.

[163] 韩芳. 粉末冶金法制备高强度Cu-Ni-Sn合金的工艺及性能研究 [D]. 武汉科技大学, 2012.

[164] Queiroz R R U, Cunha F G G, Gonzalez B M. Study of dynamic strain aging in dual phase steel [J]. Materials Science & Engineering A, 2012, 543: 84-87.

[165] Zhao S, Meng C, Mao F, et al. Influence of severe plastic deformation on dynamic strain aging of ultrafine grained Al-Mg alloys [J]. Acta Materialia, 2014, 76 (2): 54-67.

[166] Guangwei Peng, Xueping Gan, Yexin Jiang, Zhou Li, Kechao Zhou. Effect of dynamic strain aging on the deformation behavior and microstructure of Cu-15Ni-8Sn alloy [J]. Journal of Alloys & Compounds, 2017, 718: 182-187.

[167] Schlipf J. Collective dynamic aging of moving dislocations [J]. Materials Science & Engineering A, 1991, 137 (1): 135-140.

[168] Shashkov I V, Lebyodkin M A, Lebedkina T A. Multiscale study of acoustic emission during smooth and jerky flow in an AlMg alloy [J]. Acta Materialia, 2012, 60 (19): 6842-6850.

[169] Cottrell A H S. Dislocations and Plastic Flow in Crystals [M]. Dislocations and plastic flow in crystals. Clarendon Press, 1953: 242-243.

[170] Almeida L H D, Emygdio P R O, May I L. Activation energy calculation and dynamic strain aging in austenitic stainless steel [J]. Scripta Metallurgica Et Materialia, 1994, 31 (5): 505-510.

[171] Hong S H, Kim H Y, Jang J S, et al. Dynamic Strain Aging Behavior of Inconel 600 Alloy [C]. Superalloys. 1996: 401-407.

[172] Ajit K. Roy, Joydeep Pal, Chandan Mukhopadhyay. Dynamic strain ageing of an austenitic superalloy—Temperature and strain rate effects [J]. Materials Science & Engineering A, 2008, 474 (1): 363-370.

[173] Chandravathi K S, Laha K, Parameswaran P, et al. Effect of microstructure on the critical strain to onset of serrated flow in modified 9Cr-1Mo steel [J]. International Journal of Pressure Vessels & Piping, 2012, 89 (1): 162-169.

[174] Wang W H, Wu D, Shah S S A, et al. The mechanism of critical strain and serration type of the serrated flow in Mg-Nd-Zn alloy [J]. Materials Science & Engineering A, 2016, 649: 214-221.

[175] Mccormick P G. Serrated yielding and the occurrence of strain gradients in an Al-Cu alloy [J]. Scripta Metallurgica, 1972, 6 (12): 0-1138.

[176] 钱匡武, 倪潮方. 1Cr18Ni9Ti钢中的锯齿屈服现象 [J]. 福州大学学报 (自然科学版), 1988 (3): 108-113.

[177] Schober T, Balluffi R W. Quantitative observation of misfit dislocation arrays in low and high angle twist grain boundaries [J]. Philosophical Magazine, 1970, 21 (169): 15.

[178] 陈国清, 任晓, 周文龙, 等. 强磁场下Ni-Cu系原子的扩散行为 (英文) [J]. 中国有色金属学报 (英文版), 2013, 23 (8): 2460-2464.

[179] 廖春丽. 合金元素对Sn-0.7Cu无铅钎料压入蠕变性能的影响 [D]. 成都: 西华大学, 2009.

[180] Hörnqvist M, Karlsson B. Dynamic strain ageing and dynamic precipitation in AA7030 during cyclic deformation [J]. Procedia Engineering, 2010, 2 (1): 265-273.

[181] Brechet Y. Low-temperature dynamic precipitation in a supersaturated Al-Zn-Mg alloy and related strain hardening [J]. Philosophical Magazine A, 1999, 79 (10): 2485-2504.

[182] Guangwei Peng, Xueping Gan. Re-aging behavior of Cu-15Ni-8Sn alloy pretreated by dynamic strain aging [J]. Materials Science & Engineering A, 2019, 752 (3): 18-23.

[183] Guo F, Zhang D, Yang X, et al. Strain-induced dynamic precipitation of $Mg_{17}Al_{12}$, phases in Mg-8Al alloys sheets rolled at 748K [J]. Materials Science & Engineering A, 2015, 636: 516-521.

[184] Miki M, Ogino Y. Effect of Si addition on the cellular precipitation in a Cu-10Ni-8Sn alloy [J]. Mater. Trans. JIM 1990, 31, 968-974.

[185] 杨胜利. 热处理及微量Si元素对Cu-7.5Ni-5.0Sn合金组织与性能的影响 [D]. 江西理工大学, 2013.

[186] Miki M, Ogino Y. Effects of doped elements on the cellular precipitation in Cu-10Ni-8Sn alloy [J]. Mater. Trans. JIM 1994, 35, 313-318.

[187] 张少宗, 江伯鸿, 丁文江. 铸造Cu-15Ni-8Sn-xTi合金的组织和硬度 [J]. 特种铸造及有色合金, 2006, 26 (10): 669-669.

[188] Zhao C, Zhang W, Wang Z, et al. Improving the Mechanical Properties of Cu-15Ni-8Sn Alloys by Addition of Titanium [J]. Materials, 2017, 10 (9).